Harald Schumny (Hrsg.)

# Neue Knobeleien mit dem Mikro

Harald Schumny (Hrsg.)

# Neue Knobeleien mit dem Mikro

**4 Aufgaben, gelöst mit 11 verschiedenen Computern in 25 Versionen, sowie 5 ungelöste Aufgaben**

Friedr. Vieweg & Sohn     Braunschweig / Wiesbaden

CIP-Kurztitelaufnahme der Deutschen Bibliothek

**Neue Knobeleien mit dem Mikro:** 4 Aufgaben,
gelöst mit 11 verschiedenen Computern in
25 Versionen, sowie 5 ungelöste Aufgaben /
Harald Schumny (Hrsg.) — Braunschweig;
Wiesbaden: Vieweg, 1986.
    ISBN-13: 978-3-528-04495-4      e-ISBN-13: 978-3-322-87778-9
    DOI: 10.1007/978-3-322-87778-9
NE: Schumny, Harald [Hrsg.]

Das in diesem Buch enthaltene Programm-Material ist mit keiner Verpflichtung oder Garantie irgend-
einer Art verbunden. Die Autoren, der Herausgeber und der Verlag übernehmen infolgedessen keine
Verantwortung und werden keine daraus folgende oder sonstige Haftung übernehmen, die auf irgend-
eine Art aus der Benutzung dieses Programm-Materials oder Teilen davon entsteht.

1986

Umschlaggestaltung: Ludwig Markgraf, Wiesbaden

ISBN-13: 978-3-528-04495-4

# Inhaltsverzeichnis

# Anschriften der „Knobler"

## Kontaktadresse:

Verlag Vieweg
Lektorat Mikrocomputer
Postfach 5829
6200 Wiesbaden 1

## „Knobler":

Wilfried Eisele
Lessingstraße 17
6719 Eisenberg

Dr.-Ing. Peter Fischer
Döbelner Straße 54
DDR — 7304 Roßwein

Dipl.-Ing. Gerhard Frank
Dresdner Straße 25
DDR — 8400 Riesa

Dr. Arved Fuhrmann
Leipziger Straße 15
7750 Konstanz

Wilhelm-Rüdiger Haberditz
Oberhöchstädter Straße 12
6374 Steinbach/Taunus

Dr.-Ing. E. h. Kurt Hain
Peterskamp 12
3300 Braunschweig

Dipl.-Ing. Dietger Knaupp
Salierstraße 38
7050 Waiblingen

Dipl.-Ing. Paul Krawczyk
Sonnenleite 12
4630 Bochum 7

Ing.grad. Hans Krissler
Haldestraße 7
7901 Lonsee

Guntram Lange
Gartenstraße 42
6056 Heusenstamm 2

Joachim Schwarte
Berliner Straße 25
6231 Schwalbach

Hans Martin von Staudt
Peukinger Weg 32
4750 Unna

Norbert Waldmüller
Amraser Straße 23/2
A-6020 Innsbruck

# Vorwort

Im „Taschenrechner + Mikrocomputer-Jahrbuch 1983" gab es erstmalig eine „Knobelecke" mit verschiedenen Aufgaben, für deren Lösung auch die kleinsten Rechner geeignet sein sollten. In den darauf folgenden Ausgaben (Mikrocomputer-Jahrbuch '84 und '85) wurden die besten Lösungseinsendungen vorgestellt und weitere Knobelaufgaben gestellt. Eine geordnete Zusammenstellung aller guten Knobeleien haben wir dann Mitte 1985 mit dem Buch „Knobeleien mit dem Mikro" herausgegeben (8 Aufgaben, gelöst mit 15 verschiedenen Computern in 57 Versionen sowie 13 ungelöste Aufgaben).

Die Resonanz auf all diese Aktivitäten und Publikationen war so beträchtlich, daß wir uns entschlossen haben, ein weiteres Knobelbuch zu veröffentlichen. Tabelle 1 listet alle im hier vorliegenden Buch enthaltenen Knobeleien auf. Welche Rechner zur Lösung verwendet wurden, ist in Tabelle 2 zusammengestellt. Die Palette reicht dabei vom klassischen programmierbaren Taschenrechner (TI-59 mit AOS) über weit verbreitete Taschen- und Videocomputer bis hin zu Tischcomputern.

Auch dieses Knobelbuch bietet wieder Stoff und Anregungen für „aktive" Computeranwender. Die 25 Lösungen zu den Aufgaben 1 bis 4 mit elf verschiedenen Rechnern geben vielleicht Anlaß für Variierungen oder Verbesserungen. Und besonders die fünf ungelösten Aufgaben in Kapitel 5 warten auf Bearbeitung. Wir würden uns freuen, wenn wir von der einen oder anderen Lösung erfahren. Eine Kontaktadresse und die Anschriften aller beteiligten „Knobler" sind weiter vorn angegeben.

Braunschweig, im Februar 1986                              *Dr. Harald Schumny*

**Tabelle 1** Alle Knobelaufgaben

| Kapitel | Knobelei | Lösungen | Rechner |
|---|---|---|---|
| 1 | Schatzverteilung | 10 | 9 |
| 2 | Dreiecke im Halbkreis | 8 | 6 |
| 3 | Rollenverschiebungen für konstante Bandlängen | 6 | 5 |
| 4 | Gelenkfünfeck-Bewegungen | 1 | 1 |
| 5 | Fünf ungelöste Aufgaben:<br>1. Druckerausfall<br>2. Anpassung<br>3. Tetraeder<br>4. Gekreuzte Leitern<br>5. Zahlenfolge | 0 | 0 |

**Tabelle 2** Die zur Lösung verwendeten Rechner

| Aufgabe<br>Rechner | 1 | 2 | 3 | 4 |
|---|---|---|---|---|
| QX-10 | | X | X | |
| PUC-10 | X | X | | |
| HP-85 | X | | | |
| HP-75 | X | X | X | |
| HP-41 | X | X | X | X |
| TI-99/4A | X | | | |
| VZ 100 | | X | | |
| PC-1500 | X | X | X | |
| PC-1350 | X | | | |
| PC-1261 | X | | X | |
| TI-59 | X | | | |

# 1  Schatzverteilung

Sechs Abenteurer suchten einen legendären <u>Schatz</u>. Über Ort und Umstände
hatten sie einige vage Informationen. Bei der Burg angekommen, begannen
sie sobald mit den Grabungen. Nach vielen Tagen ununterbrochener Arbeit
waren sie eines Nachmittags am Ziel, sie hatten den aus vielen kleinen
Goldkörnern bestehenden Schatz gefunden. Sie waren jedoch so müde, daß
sie beschlossen, erst einmal zu schlafen und die gerechte Verteilung am
nächsten Morgen vorzunehmen. Aber schon um 19 Uhr erwachte der erste, von
Mißtrauen geplagt, und beschloß, "aus Vorsicht" sich seinen sechsten Teil
zu nehmen. Um den Burggeist zu beruhigen, warf er der Uhrzeit entsprechend 19 Goldkörner in den Wassergraben, teilte dann die restlichen
Körner in sechs gleiche Teile, versteckte seinen Anteil und legte sich
wieder schlafen. Eine Stunde später erwachte der zweite. Er handelte
ähnlich wie sein Vorgänger. Der Uhrzeit entsprechend, warf er zunächst
20 Goldkörner in den Graben, teilte wiederum den Rest in sechs gleiche
Teile, was genau aufging, versteckte seinen Anteil und begab sich wieder
zu seinem Schlafplatz. Der Vorgang wiederholte sich so alle Stunde mit
dem dritten (21 Körner kamen in den Graben), vierten, fünften und
schließlich mit dem sechsten, der um Mitternacht erwachte, 24 Goldkörner
dem Geist opferte, genau ein Sechstel des Restes für sich "reservierte",
es versteckte und weiterschlief.

Die sechs Goldgräber erwachten nach Sonnenaufgang, verteilten mit ehr-
lichem Gesicht die restlichen Goldkörner, was wiederum genau aufging, und
gingen ihrer Wege.

Nach oben gibt es unendlich viele Lösungen für diese ganzzahlige Verteilung. Ausgehend von einer Mindestanzahl Goldkörner sollen jedoch nur 5
mögliche Lösungssätze mit jeweils folgenden Angaben ermittelt werden:

- Summe der Goldkörner, die jeder Abenteurer (A1 ... A6) mitgenommen
  bzw. bekommen hat.
- Wieviele Körner wurden insgesamt dem Burggeist (B) gegeben?
- Ursprüngliche Goldkörnerzahl des Schatzes (S).
- Wie groß war der Rest (R), der am Morgen noch verteilt wurde?

## 1.1 Tischrechner PUC-10 (BASIC)

*von Wilhelm-Rüdiger Haberditz*

Lösungsweg

Die Zuwendungen für den Burggeist (B) sind bei allen Verteilungen konstant, die arithmetische Summe der Goldkörner entsprechend den Uhrzeiten von 19.00...24.00, Anzahl der Glieder n = 6; a = Anfangswert; z = Endwert:

$$B = n/2 \cdot (a+z) = 6/2 \cdot (19+24) = \underline{129} \text{ Goldkörner} \tag{1}$$

Für den möglichen Minimalwert der Lösungsmenge des Schatzes bei 6 Beteiligten läßt sich für den Anfangswert somit schreiben:

$$S_A \geq (n-1) \cdot n^n - n/2 \cdot (a+z) \tag{2}$$

Die diophantische Teilbarkeit von $S_A$ durch 6 für 6 Glieder mit den partiellen B-Werten wurde per Rechner iterativ ermittelt. $S_A$ wurde dabei mit der Schrittweite 1 so lange inkrementiert, bis diese Bedingung erfüllt war; $S_1 = S_A = \underline{233\ 215\ \text{Körner}}$. Damit erhält man rekursiv die Daten der Verteilungslösung "1" wie folgt:

$$S_{t1} = S_1 - B_1 = 233\ 215 - 19 = 233\ 196$$

$$T_1 = S_{t1}/n = 233\ 196/6 = 38\ 866$$

$$S_{t2} = S_{t1} - T_1 - B_2 = 233\ 196 - 38\ 866 - 20 = 194\ 310$$

$$T_2 = S_{t2}/n = 194\ 310/6 = 32\ 385$$

$$S_{t3} = S_{t2} - T_2 - B_3 = 194\ 310 - 32\ 385 - 21 = 161\ 904$$

$$T_3 = S_{t3}/n = 161\ 904/6 = 26\ 984$$

$$S_{t4} = S_{t3}-T_3-B_4 = 161\ 904 - 26\ 984 - 22 = 134\ 898$$

$$T_4 = S_{t4}/n = 134\ 898/6 = 22\ 483$$

$$S_{t5} = S_{t4}-T_4-B_5 = 134\ 898 - 22\ 483 - 23 = 112\ 392$$

$$T_5 = S_{t5}/n = 112\ 392/6 = 18\ 732$$

$$S_{t6} = S_{t5}-T_5-B_6 = 112\ 392 - 18\ 732 - 24 = 93\ 636$$

$$T_6 = S_{t6}/n = 93\ 636/6 = 15\ 606$$

Damit ergibt sich der Schatzrest am Morgen:

$$R_1 = S_{t6}-T_6 = 93\ 636 - 15\ 606 = \underline{78\ 030}\ \text{Goldkörner, die}$$
wiederum "redlich" geteilt werden

$$T_{R1} = R_1/n = 78\ 030/6 = 13\ 005$$

Wie leicht nachprüfbar, sind alle Zwischenergebnisse ohne Rest
durch 6 teilbar. Im Fall der 1. Lösung hätten die sechs Schatzsucher somit folgende Anteile:

$$A_1 = T_1 + T_{R1} = 38\ 866 + 13\ 005 = \underline{51\ 871}\ \text{Goldkörner}$$

$$A_2 = T_2 + T_{R1} = 32\ 385 + 13\ 005 = \underline{45\ 390}$$

$$A_3 = T_3 + T_{R1} = 26\ 984 + 13\ 005 = \underline{39\ 989}$$

$$A_4 = T_4 + T_{R1} = 22\ 483 + 13\ 005 = \underline{35\ 488}$$

$$A_5 = T_5 + T_{R1} = 18\ 732 + 13\ 005 = \underline{31\ 737}$$

$$A_6 = T_6 + T_{R1} = 15\ 606 + 13\ 005 = \underline{28\ 611}$$

Offensichtlich gilt hier das Motto: Wer früher aufsteht, verbucht halt mehr "Erfolg"! Bezogen auf den ersten Abenteurer beträgt der Anteil des letzten nur 55,16 %.

Probe: $A_1 + A_2 + A_3 + A_4 + A_5 + A_6 + B = S_1$

$$\underline{233\ 215} = \underline{233\ 215}$$

Ausgehend von der ersten Lösung $S_1$ ergeben sich mit i = 2, 3, 4 und 5 die weiteren Lösungen für die ursprüngliche Gesamtzahl des Schatzes als diophantische Vielfache mit der Basis n = 6

$$S_i = S_1 + (i-1) \cdot n^{(n+1)} \tag{3}$$

$S_2 = 513\ 151$; $S_3 = 793\ 087$; $S_4 = 1\ 073\ 023$; $S_5 = 1\ 352\ 959$

T A B E L L E  1: Zusammenfassung

| x) | Verteilungslösung: | | | | |
|---|---|---|---|---|---|
| | "1" | "2" | "3" | "4" | "5" |
| S | 233 215 | 513 151 | 793 087 | 1 073 023 | 1 352 959 |
| R | 78 030 | 171 780 | 265 530 | 359 280 | 453 030 |
| B | 129 | 129 | 129 | 129 | 129 |
| A1 | 51 871 | 114 152 | 176 433 | 238 714 | 300 995 |
| A2 | 45 390 | 99 895 | 154 400 | 208 905 | 263 410 |
| A3 | 39 989 | 88 014 | 136 039 | 184 064 | 232 089 |
| A4 | 35 488 | 78 113 | 120 738 | 163 363 | 205 988 |
| A5 | 31 737 | 69 862 | 107 987 | 146 112 | 184 237 |
| A6 | 28 611 | 62 986 | 97 361 | 131 736 | 166 111 |

x) Abkürzungen:

S:        Ursprüngliche Gesamtzahl des Schatzes

R:        Schatzrest am Morgen

B:        Summe der Zuwendungen an den Burggeist

A1...A6: Anteile der sechs Schatzsucher

## BASIC-Programm für PUC-10

Das Programm "SCHATZ" ist bildschirmorientiert und belegt
844 Bytes. Da im wesentlichen nur die ANSI-Befehle verwendet
werden, ist eine Übertragung auf andere BASIC-Dialekte und
Rechner, wie z.B. C 64, C 128, CPC 464, MZ 721/731, Apple II/
IIe/IIc, IBM PC, TI PC, PC 10 etc., leicht möglich. Nach Eingabe
der Befehle gemäß Anweisungsliste wird das Programm mit "RUN"
und "RETURN" gestartet. Die erzielten 5 Verteilungslösungen
sind als "Hardcopy" mittels Drucker PUD 2 wiedergegeben. Die
Fortschaltung zur jeweils nächsten Lösung erfolgt per GET-C$-
Abfrage mit der "RETURN"-Taste. Für die Bestimmung der gesamten,
kleinstmöglichen Rechen- und Ausgabezeit mit dem internen Zeitgeber wurde ASCII = 13 als CHR$(13) 5mal im Tastaturpuffer ge-
speichert. Damit wurde sichergestellt, daß alle Daten seriell
ohne Stopp ausgegeben werden. Die Zeit für die 5 Verteilungslösungen beträgt ca. 4,9 Sekunden.

Zeilen

100 ... 120:    Allgemeine Dokumentationsdaten;
                Stringvariable laden; Zahlenkonstanten bestimmen

125 ... 140:    FOR/NEXT-Schleife für 5 Lösungsdurchgänge;
                Zeitgeber TI$ auf Null setzen; Iterationsschleife
                für $S_1$; Überprüfung der Teilbarkeit

145 ... 185:    Formatierte Datenausgabe; Rechen- und Ausgabezeit
                in Sekunden nach DIN 1333 auf eine Nachkommastelle
                gerundet

Anweisungsliste zu "SCHATZ"

```
100 PRINT"{clr}":REM PGM "SCHATZ"; RECHNER: PUC10; 0.844KB; CR:W.-R. HABERDITZ
105 S$=" SCHATZSUCHER":G$="GOLDKOERNER":A$(3)=" SCHATZ/GESAMTZAHL     ---->"
110 A$(2)=" SCHATZREST AM MORGEN ---->":A$(1)=" DER BURGGEIST BEKAM   ---->"
115 FOR X=1 TO 38:L$=L$+"{shift}":NEXT:P=6*6*6*6*6*6:D=P*6:B(1)=129
120 FOR N=1 TO 16:N$=N$+"-":NEXT:N$=N$+">":E$="VERTEILUNGSLOESUNG:  "
125 A=(6-1)*P-B(1):TI$="000000":FOR J=1 TO 5
130 T=0:A=A+1:B=A:B(3)=A:FOR I=19 TO 24:B=B-T-I:IF B/6-INT(B/6)>1E-4 THEN130
135 T=INT(B/6):A(I-18)=T:NEXT:B=B-T:IF B/6-INT(B/6)>1E-4 THEN130
140 T=INT(B/6):B(2)=B:PRINT"{clr}":PRINT L$:PRINT
145 PRINT SPC(7)E$"{rvs}"J"{off} {down}{up}{left}{left}{left}___{down}"
150 PRINT L$:PRINT"{down}"S$;SPC(13)G$:PRINT L$:PRINT:FOR I=1 TO 6
155 PRINT SPC(5)I,N$;TAB(35-LEN(STR$(A(I)+T)))A(I)+T:NEXT:PRINT:FOR I=1 TO 3
160 PRINT A$(I);TAB(35-LEN(STR$(B(I))))B(I):PRINT:NEXT:PRINT L$:IF J<5 THEN175
165 A=A-1+D:NEXT:C=INT(TI/6+.5)/10:PRINT"{down}RECHEN-U. AUSGABEZEIT ="C"SEKUNDEN"
170 GOTO170
175 PRINT"{down} TASTE "CHR$(34)"RETURN"CHR$(34)" DRUECKEN!"
180 GET C$:IF C$<>CHR$(13) THEN180
185 GOTO165
```

## Lösungen zu "SCHATZ" in Form von "Hardcopies"

```
VERTEILUNGSLOESUNG:  1

SCHATZSUCHER                GOLDKOERNER

        1    --------------->    51871
        2    --------------->    45390
        3    --------------->    39989
        4    --------------->    35488
        5    --------------->    31737
        6    --------------->    28611

DER BURGGEIST BEKAM    ---->        129

SCHATZREST AM MORGEN ---->       78030

SCHATZ/GESAMTZAHL      ---->      233215
```

TASTE "RETURN" DRUECKEN!

```
VERTEILUNGSLOESUNG:  2

SCHATZSUCHER                GOLDKOERNER

        1    --------------->   114152
        2    --------------->    99895
        3    --------------->    88014
        4    --------------->    78113
        5    --------------->    69862
        6    --------------->    62986

DER BURGGEIST BEKAM    ---->        129

SCHATZREST AM MORGEN ---->      171780

SCHATZ/GESAMTZAHL      ---->      513151
```

TASTE "RETURN" DRUECKEN!

```
==============================================================

            VERTEILUNGSLOESUNG:   3
==============================================================

   SCHATZSUCHER                    GOLDKOERNER
==============================================================

           1      --------------->    176433
           2.     --------------->    154400
           3      --------------->    136039
           4      --------------->    120738
           5      --------------->    107987
           6      --------------->     97361

   DER BURGGEIST BEKAM   ---->          129

   SCHATZREST AM MORGEN ---->        265530

   SCHATZ/GESAMTZAHL     ---->        793087

==============================================================

   TASTE "RETURN" DRUECKEN!


==============================================================

            VERTEILUNGSLOESUNG:   4
==============================================================

   SCHATZSUCHER                    GOLDKOERNER
==============================================================

           1      --------------->    238714
           2      --------------->    208905
           3      --------------->    184064
           4      --------------->    163363
           5      --------------->    146112
           6      --------------->    131736

   DER BURGGEIST BEKAM   ---->          129

   SCHATZREST AM MORGEN ---->        359280

   SCHATZ/GESAMTZAHL     ---->       1073023

==============================================================

   TASTE "RETURN" DRUECKEN!
```

```
xxxxxxxxxxxxxxxxxxxxxxxxxxxxxxxxxxxxxxxxxxxxxxxxxxxxxxxx

        VERTEILUNGSLOESUNG:   5
xxxxxxxxxxxxxxxxxxxxxxxxxxxxxxxxxxxxxxxxxxxxxxxxxxxxxxxx

   SCHATZSUCHER                 GOLDKOERNER
xxxxxxxxxxxxxxxxxxxxxxxxxxxxxxxxxxxxxxxxxxxxxxxxxxxxxxxx


        1    ----------------->   300995
        2    ----------------->   263410
        3    ----------------->   232089
        4    ----------------->   205988
        5    ----------------->   184237
        6    ----------------->   166111

   DER BURGGEIST BEKAM   ---->        129

   SCHATZREST AM MORGEN  ---->     453030

   SCHATZ/GESAMTZAHL     ---->    1352959

xxxxxxxxxxxxxxxxxxxxxxxxxxxxxxxxxxxxxxxxxxxxxxxxxxxxxxxx

RECHEN-U. AUSGABEZEIT = 4.9 SEKUNDEN
```

## 1.2  Tischrechner HP-85 (BASIC)

*von Joachim Schwarte*

Eine Gesamtgoldkörneranzahl S genügt genau dann der Aufgabenstellung, wenn die Werte $R_1$ bis $R_7$ aus den folgenden Berechnungen natürliche Zahlen sind:

$$R_1 = (S - 19) \cdot \frac{5}{6} \qquad\qquad R_5 = (R_4 - 23) \cdot \frac{5}{6}$$

$$R_2 = (R_1 - 20) \cdot \frac{5}{6} \qquad\qquad R_6 = (R_5 - 24) \cdot \frac{5}{6}$$

$$R_3 = (R_2 - 21) \cdot \frac{5}{6} \qquad\qquad R_7 = \frac{R_6}{6}$$

$$R_4 = (R_3 - 22) \cdot \frac{5}{6}$$

Betrachten wir nun eine größere Goldkörneranzahl S + D.
Analog zu oben muß gelten:

$$(S + D - 19) \cdot \frac{5}{6} = R_1 + \frac{5}{6}D \qquad \left(R_4 + \frac{5^4}{6^4}D - 23\right) \cdot \frac{5}{6} = R_5 + \frac{5^5}{6^5}D$$

$$\left(R_1 + \frac{5}{6}D - 20\right) \cdot \frac{5}{6} = R_2 + \frac{5^2}{6^2}D$$

$$\left(R_2 + \frac{5^2}{6^2}D - 21\right) \cdot \frac{5}{6} = R_3 + \frac{5^3}{6^3}D \qquad \left(R_5 + \frac{5^5}{6^5}D - 24\right) \cdot \frac{5}{6} = R_6 + \frac{5^6}{6^6}D$$

$$\left(R_3 + \frac{5^3}{6^3}D - 22\right) \cdot \frac{5}{6} = R_4 + \frac{5^4}{6^4}D \qquad \left(R_6 + \frac{5^6}{6^6}D\right) \cdot \frac{1}{6} = R_7 + \frac{5^6}{6^7} \cdot D$$

Aus der Tatsache, daß sämtliche Zwischenergebnisse natürliche
Zahlen sein müssen, folgt für D:

$$D = n \cdot 6^7 \ !$$

Die kleinste Differenz zweier Lösungen ist also $6^7 = 279\ 936$.
Da sowohl Addition als auch Subtraktion von $6^7$ zu einer gefun-
denen Lösung eine weitere Lösung erzeugt, muß eine kleinste
Lösung im Intervall 1 - 279 936 existieren.

Das Programm Nr. 1 dient zur Suche nach dieser Stammlösung. Es berechnet hierzu zunächst, unter Mißachtung der Ganzzahligkeit, diejenige Goldkörneranzahl R, die bei Vorgabe der Gesamtanzahl S = 279 936 am Morgen an jeden Goldgräber ausgezahlt würde. Im folgenden macht sich das Programm zunutze, daß R ganzzahlig und durch fünf teilbar sein muß, da die Anzahl der zu verteilenden Körner das fünffache dessen ist, was sich Goldgräber Nr. 6 um Mitternacht genommen hat. Das Programm überprüft die möglichen Werte für R in abfallender Folge, da die Lösung sicher im oberen Teil des Intervalls zu suchen ist.

Es findet die Stammlösung $S_0$ = 233 215 nach gut 20 Sekunden. Sämtliche Lösungen S müssen also folgender Gleichung genügen:

$$S = S_0 + n \cdot 6^7 \qquad\qquad S = 233\ 215 + n \cdot 279\ 936$$

Auf dieser Gleichung basiert Programm Nr. 2, das bei Vorgabe einer Mindestanzahl die von der Aufgabenstellung verlangten 5 Lösungssätze berechnet.

Die hierfür erforderliche Rechenzeit ist unabhängig von der eingegebenen Mindestanzahl immer ca. 1 Sekunde.

Speicherbedarf

Programm Nr. 1:  1586 Bytes

```
*****************************
*                           *
*      SCHATZVERTEILUNG     *
*                           *
*      PROGRAMM NR  1       *
*                           *
*****************************


STAMMLOESUNG: 233215


RECHENZEIT IN SEKUNDEN : 20.488
DRUCKZEIT  IN SEKUNDEN : 7.174


100 REM ****************************
110 REM *                          *
120 REM *   SCHATZVERTEILUNG       *
130 REM *                          *
140 REM *   PROGRAMM NR. 1         *
150 REM *                          *
160 REM ****************************
```

```
170 REM
180 SETTIME 0.0
190 S=279936
200 S=(S-19)*5/6
210 S=(S-20)*5/6
220 S=(S-21)*5/6
230 S=(S-22)*5/6
240 S=(S-23)*5/6
250 S=(S-24)*5/6
260 S=S/6
270 R=INT(S)+1
280 R=R-1
290 IF R/5=INT(R/5) THEN 320
300 GOTO 280
310 R=R-5
320 R6=R*6
330 R5=6/5*R6+24
340 IF R5#INT(R5) THEN 310
350 R4=6/5*R5+23
360 IF R4#INT(R4) THEN 310
370 R3=6/5*R4+22
380 IF R3#INT(R3) THEN 310
390 R2=6/5*R3+21
400 IF R2#INT(R2) THEN 310
410 R1=6/5*R2+20
420 IF R1#INT(R1) THEN 310
430 S=6/5*R1+19
440 IF INT(S)#S THEN 310
450 T1=TIME
460 SETTIME 0,0
470 PRINT "************************
    **********"
480 PPINT "*
               *"
490 PRINT "*          SCHATZVERTEIL
    UNG        *"
500 PRINT "*
               *"
510 PRINT "*         PROGRAMM NR
    1          *"
520 PRINT "*
               *"
530 PRINT "************************
    **********"
540 PRINT @ PRINT
550 PRINT "STAMMLOESUNG:";S
560 PRINT @ PRINT
570 PRINT "RECHENZEIT IN SEKUNDE
    N :";T1
580 PRINT "DRUCKZEIT  IN SEKUNDE
    N :";TIME
590 END
600 REM
610 REM *************************
620 REM *                       *
630 RFM *    (C)   16.12.1984   *
640 REM *                       *
650 REM *   JOACHIM SCHWARTE     *
660 REM *   ALICENSTR. 8         *
670 REM *   6100 DARMSTADT       *
680 REM *                       *
690 REM *************************
```

Programm Nr. 2:  2473 Bytes

```
*********************************
*                               *
*       SCHATZVERTEILUNG        *
*                               *
*       PROGRAMM NR. 2          *
*                               *
*********************************
```

MINDESTANZAHL: 0

LOESUNG NR  1

```
A1= 51871
A2= 45390
A3= 39989
A4= 35488
A5= 31737
A6= 28611
B = 129
S = 233215
R = 78030
```

LOESUNG NR. 2

```
A1= 114152
A2= 99895
A3= 88014
A4= 78113
A5= 69862
A6= 62986
B = 129
S = 513151
R = 171780
```

LOESUNG NR. 3

```
A1= 176433
A2= 154400
A3= 136039
A4= 120738
A5= 107987
A6= 97361
B = 129
S = 793087
R = 265530
```

LOESUNG NR. 4

```
A1= 238714
A2= 208905
A3= 184064
A4= 163363
A5= 146112
A6= 131736
B = 129
S = 1073023
R = 359280
```

LOESUNG NR. 5

```
A1= 300995
A2= 263410
A3= 232089
A4= 205988
A5= 184237
A6= 156111
B = 129
S = 1352959
R = 453030
```

```
RECHENZEIT IN SEKUNDEN : 1 022
DRUCKZEIT  IN SEKUNDEN : 36 345
```

```
*****************************************
*                                       *
*          SCHATZVERTEILUNG             *
*                                       *
*          PROGRAMM NR. 2               *
*                                       *
*****************************************

MINDESTANZAHL: 233215


LOESUNG NR. 1                    LOESUNG NR. 5

A1=  51871                      A1= 300995
A2=  45390                      A2= 263410
A3=  39989                      A3= 232089
A4=  35488                      A4= 205988
A5=  31737                      A5= 184237
A6=  29611                      A6= 166111
B =  129                        B = 129
S =  233215                     S = 1352959
R =  78030                      R = 453030


LOESUNG NR. 2                    RECHENZEIT IN SEKUNDEN : 1.021
                                DRUCKZEIT  IN SEKUNDEN : 36.696
A1= 114152
A2=  99895
A3=  88014
A4=  78113
A5=  69862
A6=  62986
B =  129
S =  513151
R =  171780


LOESUNG NR. 3

A1= 176433
A2= 154400
A3= 136039
A4= 120738
A5= 107987
A6=  97361
B =  129
S =  793087
R =  265530


LOESUNG NR. 4

A1= 238714
A2= 208905
A3= 184064
A4= 163363
A5= 146112
A6= 131736
B =  129
S = 1073023
R =  359280
```

```
*********************************
*                               *
*        SCHATZVERTEILUNG       *
*                               *
*        PROGRAMM NR. 2         *
*                               *
*********************************


MINDESTANZAHL: 1000000


LOESUNG NR. 1            LOESUNG NR. 5

A1= 238714              A1= 487838
A2= 208905              A2= 426925
A3= 184064              A3= 376164
A4= 163363              A4= 333863
A5= 146112              A5= 298612
A6= 131736              A6= 269236
B = 129                 B = 129
S = 1073023             S = 2192767
P = 359280              R = 734280


LOESUNG NR. 2           RECHENZEIT IN SEKUNDEN : 1.032
                        DRUCKZEIT  IN SEKUNDEN : 36.702
A1= 300995
A2= 263410
A3= 232089
A4= 205988
A5= 184237
A6= 166111
B = 129
S = 1352959
R = 453030


LOESUNG NR. 3

A1= 363276
A2= 317915
A3= 280114
A4= 248613
A5= 222362
A6= 200486
B = 129
S = 1632895
R = 546780


LOESUNG NR. 4

A1= 425557
A2= 372420
A3= 328139
A4= 291238
A5= 260487
A6= 234861
B = 129
S = 1912831
R = 640530
```

```
100 REM ***********************
110 REM *                     *
120 REM *   SCHATZVERTEILUNG  *
130 REM *                     *
140 REM *   PROGRAMM NR. 2    *
150 REM *                     *
160 REM ***********************
170 REM
180 DIM A1(5),A2(5),A3(5),A4(5)
190 DIM A5(5),A6(5),S(5),R(5)
200 DISP "MINDESTANZAHL";
210 INPUT M
220 M1=M
230 SETTIME 0,0
240 B=19+20+21+22+23+24
250 M=M-233215
260 M=M/279936
270 IF M=INT(M) THEN M=M-1
280 M=INT(M)
290 FOR N=1 TO 5
300 S(N)=233215+(M+N)*279936
310 R=S(N)-19
320 A1(N)=R/6
330 R=5/6*R-20
340 A2(N)=R/6
350 R=5/6*R-21
360 A3(N)=R/6
370 R=5/6*R-22
380 A4(N)=R/6
390 R=5/6*R-23
400 A5(N)=R/6
410 R=5/6*R-24
420 A6(N)=R/6
430 R(N)=5/6*R
440 H=R(N)/6
450 A1(N)=A1(N)+H
460 A2(N)=A2(N)+H
470 A3(N)=A3(N)+H
480 A4(N)=A4(N)+H
490 A5(N)=A5(N)+H
500 A6(N)=A6(N)+H
510 NEXT N
520 T1=TIME
530 SETTIME 0,0
540 PRINT "***********************
    ***********"
550 PRINT "*
              *"
560 PRINT "*        SCHATZVERTEIL
    UNG      *"
570 PRINT "*
              *"
580 PRINT "*        PROGRAMM NR.
    2        *"
590 PRINT "*
              *"
600 PRINT "***********************
    ***********"
610 PRINT @ PRINT @ PRINT "MINDE
    STANZAHL:";M1
```

```
620 FOR N=1 TO 5
630 PRINT @ PRINT
640 PRINT "LOESUNG NR.";N
650 PRINT
660 PRINT "A1=";A1(N)
670 PRINT "A2=";A2(N)
680 PRINT "A3=";A3(N)
690 PRINT "A4=";A4(N)
700 PRINT "A5=";A5(N)
710 PRINT "A6=";A6(N)
720 PRINT "B =";B
730 PRINT "S =";S(N)
740 PRINT "R =";R(N)
750 NEXT N
760 PRINT @ PRINT
770 PRINT "RECHENZEIT IN SEKUNDE
    N :";T1
780 PRINT "DRUCKZEIT  IN SEKUNDE
    N :";TIME
790 END
800 REM
810 REM ************************
820 REM *                      *
830 REM *   (C)    16.12.1984   *
840 REM *                      *
850 REM *   JOACHIM SCHWARTE    *
860 REM *   ALICENSTR  8        *
870 REM *   6100 DARMSTADT      *
880 REM *                      *
890 REM ************************
```

## 1.3  Videocomputer TI-99/4A (BASIC)

*von Norbert Waldmüller*

Schatzverteilung oder Variation zum Thema
"Der Affe und die Kokosnüsse"

Es läßt sich folgendes System von sieben unbestimmten
(diophantischen) Gleichungen aufstellen:

$$S = 6 \cdot G1 + 19 \qquad G4 = (6 \cdot G5 + 23)/5$$
$$G1 = (6 \cdot G2 + 20)/5 \qquad G5 = (6 \cdot G6 + 24)/5$$
$$G2 = (6 \cdot G3 + 21)/5 \qquad G6 = 6 \cdot L/5$$
$$G3 = (6 \cdot G4 + 22)/5$$

Hierbei bedeuten

S  = Gesamtzahl der Goldkörner

L  = Anzahl der Goldkörner, die jeder Abenteurer bei der
     letzten Teilung erhält

G1 bis G6 = Anzahl der Goldkörner, die sich jeder der
            Abenteurer (1 - 6)  g e h e i m  nimmt

Durch fortgesetzte Substitution von unten nach oben erhält man schließlich folgende diophantische Gleichung:

15 625 S = 279 936 L + 3 416 695

Läßt man L in einer FOR-NEXT-Schleife alle ganzzahligen Werte durchlaufen, so erhält man nach und nach die fünf gesuchten niedrigsten ganzzahligen Werte für S.

Da die Anzahl der Körner, die dem Burggeist gegeben werden (=B), eine gleichbleibende Summe (=129) ist, ist es wenig sinnvoll, diese elementare Berechnung in das Programm einzubauen.

Die Summe der Goldkörner, die jeder Abenteurer insgesamt (selbstgenommenes Sechstel + Aufteilung am Morgen) erhält, wird mit den Gleichungen 2 - 7 des ersten Ansatzes errechnet:

$A6 = 6 \cdot L/5 + L$ oder einfacher $11 \cdot L/5$

$A5 = (6 \cdot A6 + 24)/5 + L$

$A4 = (6 \cdot A5 + 23)/5 + L$

$A3 = (6 \cdot A4 + 22)/5 + L$

$A2 = (6 \cdot A3 + 21)/5 + L$

$A1 = (6 \cdot A2 + 20)/5 + L$

## Anweisungsliste

```
10 OPEN #1:"RS232.BA=9600.DA=8.PA=E"
20 REM    *** S C H A T Z V E R T E I L U N G ***
30 REM    aus Mikrocomputer-Jahrbuch '85, Seite 202
40 REM    KNOBELECKE: Aufgaben 1985/Nr.1
50 CALL CLEAR
60 N=0
70 A=279936
80 B=3416695
90 C=15625
100 FOR L=10000 TO 100000
110 S=(A*L+B)/C
120 IF S<>INT(S)THEN 330
130 G6=6*L/5
140 G5=(6*G6+24)/5
150 G4=(6*G5+23)/5
160 G3=(6*G4+22)/5
170 G2=(6*G3+21)/5
180 G1=(6*G2+20)/5
190 N=N+1
200 PRINT #1:STR$(N);".LOESUNG"
210 PRINT #1:"----------"
220 PRINT #1:"A1 =";G1+L
230 PRINT #1:"A2 =";G2+L
```

```
240 PRINT #1:"A3 =";G3+L
250 PRINT #1:"A4 =";G4+L
260 PRINT #1:"A5 =";G5+L
270 PRINT #1:"A6 =";G6+L;CHR$(10)
280 PRINT #1:"S =";S
290 PRINT #1:"R =";6*L;CHR$(10)
300 IF N=5 THEN 340
310 L=L+C
320 GOTO 110
330 NEXT L
340 END
```

Speicherbedarf: 973 Bytes

Rechen- und Ausgabezeit
handgestoppt: 2' 42"


Speicherbedarf:  741 Bytes

Rechen- und Ausgabezeit handgestoppt:  2' 20"


## Ergebnisse


```
1.LOESUNG                4.LOESUNG
----------               ----------
A1 =  51871              A1 =  238714
A2 =  45340              A2 =  208905
A3 =  39989              A3 =  184064
A4 =  35488              A4 =  163363
A5 =  31737              A5 =  146112
A6 =  28611              A6 =  131736

S =  233215             S =  1073023
R =   78030             R =   359280

2.LOESUNG                5.LOESUNG
----------               ----------
A1 = 114152              A1 =  300995
A2 =  99895              A2 =  263410
A3 =  88014              A3 =  232089
A4 =  78113              A4 =  205988
A5 =  69862              A5 =  184237
A6 =  62986              A6 =  166111

S =  513151             S =  1352959
R =  171780             R =   453030

3.LOESUNG
----------
A1 =  176433
A2 =  154400
A3 =  136039
A4 =  120738
A5 =  107987
A6 =   97361

S =  793087
R =  265530
```

## 1.4 HP-75 (BASIC) und HP-41 (UPN)

*von Ing.-grad. Hans Krissler*

Lösungsansatz

Der Rest R, der noch am nächsten Morgen verteilt wird, muß
ganzzahlig (ohne Rest) durch 6 teilbar sein:

$$\frac{1}{6}R \;=\; \{(((\{((S-19)\tfrac{5}{6}-20)\,\tfrac{5}{6}-21\}\,\tfrac{5}{6}-22)\,\tfrac{5}{6}-23)\,\tfrac{5}{6}-24\}\,\tfrac{5}{6}\cdot\tfrac{1}{6}$$

$$\frac{1}{6}R \;=\; \frac{15\,625S - 3\,416\,695}{279\,936}$$

Diese Beziehung eignet sich zum Aufsuchen der Zahl S, die diese
Forderung erfüllt. Die erste Zahl S, die jedoch nicht aufteilbar
ist, wäre 25:

(25 - 19)/6 = 1

Die Schrittweite, um die S erhöht wird, ist 6.
Die übrigen Berechnungen sind gemäß Aufgabenstellung formuliert.


HP-75-Programm


Im Programm sind alle Werte intern zugewiesen. Es wird einfach
mit "RUN" gestartet.

Speicherbedarf:   Vor Initialisierung 545 Bytes,
                  nach Variablenbelegung 589 Bytes.
                  Ausführungszeit: 5166.127".

```
10  ! Aufgabe 1
20  ! Hans Krissler
30  T=TIME
40  DATA 19,20,21,22,23,24
50  S=25 ! Startwert
60  FOR L=1 TO 5 ! Loesungen
70  PRINT @ PRINT @ PRINT 'Loesung ';L @ PRINT
80  S=S+6 @ R=(15625*S-3416695)/279936 @ IF FP(R) THEN 80
90  PRINT 'Anfangssumme S ';S
100 PRINT 'Rest R          ';R*6
110 A(0)=S @ B=0
120 FOR I=1 TO 6
130 READ B(I)
140 B=B+B(I)
```

```
150 A(I)=(A(I-1)-B(I))*5/6
160 PRINT 'Anteil von A';I;A(I)/5+R
170 NEXT I
180 PRINT 'An Burggeist B ';B
190 RESTORE
200 NEXT L
210 PRINT @ PRINT 'Ausgabezeit';TIME-T;'Sekunden'
```

```
Loesung  1

Anfangssumme S  233215
Rest R          78030
Anteil von A 1  51871
Anteil von A 2  45390
Anteil von A 3  39989
Anteil von A 4  35488
Anteil von A 5  31737
Anteil von A 6  28611
An Burggeist B  129


Loesung  2

Anfangssumme S  513151
Rest R          171780
Anteil von A 1  114152
Anteil von A 2  99875
Anteil von A 3  88014
Anteil von A 4  78113
Anteil von A 5  69862
Anteil von A 6  62986
An Burggeist B  129


Loesung  3

Anfangssumme S  793087
Rest R          265530
Anteil von A 1  176433
Anteil von A 2  154400
Anteil von A 3  136039
Anteil von A 4  120738
Anteil von A 5  107987
Anteil von A 6  97361
An Burggeist B  129


Loesung  4

Anfangssumme S  1073023
Rest R          359280
Anteil von A 1  238714
Anteil von A 2  208905
Anteil von A 3  184064
Anteil von A 4  163363
Anteil von A 5  146112
Anteil von A 6  131736
An Burggeist B  129
```

```
Loesung  5

Anfangssumme S  1352959
Rest R          453030
Anteil von A 1  300995
Anteil von A 2  263410
Anteil von A 3  232089
Anteil von A 4  205988
Anteil von A 5  184237
Anteil von A 6  166111
An Burggeist B  129


Ausgabezeit 5166.127 Sekunden
```

## HP-41-Programm

Lösungsansatz siehe Rechnertype HP-75.
Der Startwert wird zu Beginn mit n·6+19 gewählt und laufend so
oft um 6 erhöht, solange die Rechenvorschrift nicht erfüllt ist.
Im Hinblick auf die Speichergröße kann SIZE ØØØ voreingestellt
werden, das Programm kommt mit den 5 Stackregistern aus.

Nach der Division durch 279 936 muß ein Rundungsfehler berücksichtigt werden: Zeile 22 bis 24 auf ganze Zahl runden. Nach-
kommazahl in Zeile 26 abtrennen und auf ungleich Null abfragen.
Verzweigung auf LBL 06, falls Bedingung erfüllt, sonst liegt
ein gesuchtes Ergebnis vor.

Die Verteilungen auf A6...A1 lassen sich noch in einer DSE-
Schleife formulieren.

Programmgröße: Das Programm benötigt 18 Register,
                das sind 144 Bytes.

```
        PRP  ""

01◆LBL "EIN        21  *              44◆LBL  00
         S"        22  .00001          45  25
02 "STARTWE        23  +               46  CHS
        RT:"       24  RND             47  +
03 PROMPT          25  STO  Z          48  RCL  Y
04 ENTER↑          26  FRC             49  +
                   27  X≠0?            50  6
05◆LBL  06         28  GTO  06         51  /
06 FIX  3          29  CF  29          52  ST+  T
07 RDN             30  FIX  0          53  "A"
08 6               31  "  S="          54  ARCL  Y
09 +               32  ARCL  Y         55  "⊢="
10 ENTER↑          33  AVIEW           56  ARCL  T
11 ENTER↑          34  RCL  Z          57  AVIEW
12 3416695         35  6               58  5
13 X<>Y            36  STO  Z          59  *
14 /               37  X<>Y           60  DSE  Y
15 CHS             38  *               61  GTO  00
16 15625           39  "  R="          62  END
17 +               40  ARCL  X
18 279936          41  AVIEW
19 /               42  X<>  L
20 RCL  Y          43  X<>  Z
```

```
 S=233215          S=793087          S=1352959
 R=78030           R=265530           R=453030
A6=51871          A6=176433         A6=300995
A5=45390          A5=154400         A5=263410
A4=39989          A4=136039         A4=232089
A3=35488          A3=120738         A3=205988
A2=31737          A2=107987         A2=184237
A1=28611          A1=97361          A1=166111


 S=513151          S=1073023
 R=171780          R=359280
A6=114152         A6=238714
A5=99895          A5=208905
A4=88014          A4=184064
A3=78113          A3=163363
A2=69862          A2=146112
A1=62986          A1=131736
```

## 1.5 Taschencomputer PC-1500 (BASIC)

*von Dr.-Ing. Peter Fischer*

Lösungsweg

Der unter großen Mühen gehobene Schatz soll aus $S_0 = S$ Goldkörnern bestanden haben. Nachdem der erste unredliche Schatzsucher 19 Goldkörner geopfert und für sich ein Sechstel, das sind $A_1$ Goldkörner, entnommen hat, liegen im Schatz noch $S_1$ Goldkörner. Der zweite Abenteurer opfert 20 Goldkörner, entnimmt für sich ebenfalls ein Sechstel ($A_2$) des Schatzes, und es verbleiben $S_2$ Goldkörner. So geht es fort bis zum sechsten Abenteurer, der 24 Goldkörner opfert, sich $A_6$ Goldkörner nimmt und für die Verteilung am nächsten Morgen den Rest $S_6 = R$ übrigläßt.

Der Bestand des Schatzes und die Entnahmen durch die Abenteurer
ergeben zwei Folgen:

$$A_1 = \frac{1}{6} (S_0 - 19) \qquad\qquad S_0 = S; \quad S_1 = \frac{5}{6} (S_0 - 19)$$

$$A_2 = \frac{1}{6} (S_1 - 20) \qquad\qquad\qquad S_2 = \frac{5}{6} (S_1 - 20)$$

$$\vdots \qquad\qquad\qquad\qquad\qquad \vdots$$

$$A_6 = \frac{1}{6} (S_5 - 24) \qquad\qquad\qquad S_5 = \frac{5}{6} (S_5 - 24)$$

$$S_6 = R$$

Allgemein formuliert, ergeben sich zwei rekursive Gleichungen:

$$S_i = \frac{5}{6} (S_{i-1} - 18 - i) \qquad i = 1, 2, \ldots, 6 \tag{1}$$

$$A_i = \frac{1}{6} (S_{i-1} - 18 - i) \tag{2}$$

Aus Gl. (1) folgt

$$S_{i-1} = \frac{6}{5} S_i + 18 + i \tag{3}$$

Setzt man das in Gl. (2) ein, so erhält man

$$A_i = \frac{1}{5} S_i \qquad\qquad \text{bzw.} \qquad\qquad S_i = 5 A_i \tag{4}$$

und

$$S_{i-1} = 6 A_i + 18 + i \tag{5}$$

Da am Morgen der Rest $R = S_6$ noch zu gleichen Teilen auf die
sechs Abenteurer aufgeteilt wird, muß $S_6$ ein ganzzahliges
Vielfaches von 6 sein.

Diese Überlegungen lassen den groben Algorithmus deutlich werden:
Setzt man $S_6 = 6$ g mit g = 1, 2, ..., dann lassen sich mit Gl.
(2) und Gl. (3) alle $A_i$ und alle $S_i$ für jede ganze Zahl g ermitteln. Eine Lösung der Aufgabe liegt jedoch nur dann vor, wenn
auch alle $A_i$ und alle $S_i$ ganzzahlig sind.

In einem Programm führt das jedoch zu unnötig langen Rechen-
zeiten. Die Laufzeit wird kürzer, wenn die Berechnung sofort
abgebrochen wird, falls ein $S_i$ nicht ganzzahlig ist. Für ein
solches Programm benötigt der SHARP PC-1500 13,5 Minuten, um
eine Lösung zu finden. Das ist zu viel. Deshalb sollen weitere
Abkürzungen gesucht werden.

Da $S_6$ ohne Rest durch 6 teilbar sein muß, gilt

$$\frac{S_6}{6} = \frac{\frac{5}{6}(S_5 - 24)}{6} = \frac{5(S_5 - 24)}{36} = g_1 \, ,$$

wobei $g_1$ ebenfalls eine ganze Zahl ist. Also muß jetzt $S_5 - 24$
ein ganzzahliges Vielfaches von 36 sein:

$$S_5 - 24 = 36 \, n \qquad \text{bzw.} \qquad S_5 = 36 \, n + 24 \qquad (6)$$

Für $i = 6$ ergibt sich damit aus Gl. (1) $S_6 = 30 \, n$.

Aus Gl. (4) erhält man $A_6$ bzw. $A_5$ in Abhängigkeit von $n$.

Weil $A_5 = 1/5 \, S_5$ ebenfalls ganzzahlig sein muß, ist es nicht
erforderlich, jede Zahl $n$ zu prüfen, denn in Gl. (6) können nur
die Zahlen 1, 6, 11, 16, ..., d.h.,

$$n = 1 + 5 \, m \qquad\qquad\qquad\qquad\qquad\qquad (7)$$

Werte für $S_5$ liefern, die auch ganzzahlige $A_5$ ergeben.

Weitere Überlegungen dieser Art führen zu ähnlichen Einschrän-
kungen und damit zu weiteren Verkürzungen der Rechenzeit. Wir
wollen es jedoch hierbei belassen und übertragen die restliche
Arbeit dem Computer. Er müßte das Problem jetzt in erträglichen
Zeiten lösen.

Das Struktogramm zeigt den Lösungsalgorithmus im Überblick.
Falls die mit I indizierte Schleife vollständig durchlaufen
wird, liegt eine Lösung vor. Für M wird ein relativ hoher Wert
gewählt, um zu sichern, daß die gewünschten fünf Lösungen auch
erreicht werden.

In der Anweisungsliste wurden zusätzlich zum Struktogramm die
Routine für den Ausdruck und das Programmende nach der 5. Lösung
sowie die Ermittlung der Rechenzeit aufgenommen.

Für die erste Lösung benötigt der Rechner 2,7 min, für jede
weitere Lösung ca. 4 min. In der Laufzeit von knapp 20 min sind
die Zeiten für alle fünf Lösungen und für den Ausdruck enthalten.

Das Programm benötigt 830 Bytes und zusätzlich ca. 220 Bytes
für die Feldvariablen.

## Struktogramm

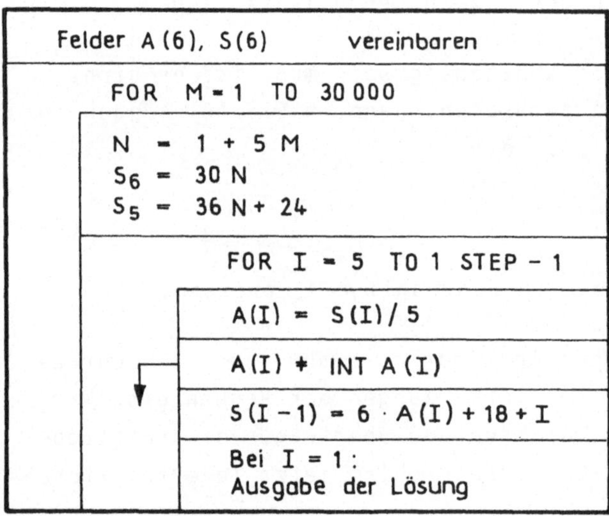

## Anweisungsliste

```
   1 "JB05:1.AUFG."
   2 REM
   3 REM      Schatzverteilung
   4 REM      mit SHARP PC-1500 und CE-150
   5 REM
   6 REM      DR.-ING. PETER FISCHER
   7 REM      DDR-7304 ROSSWEIN
   8 REM
  10 DIM A(6):DIM S(6):DIM T(5):T(0)=DEG TIME *60:J=0
  20 FOR M=1 TO 30000
  30 N=1+5*M:S(6)=30*N:S(5)=36*N+24
  40 FOR I=5 TO 1 STEP -1
  50 A(I)=S(I)/5:IF INT A(I)<>A(I) THEN 90
  60 S(I-1)=6*A(I)+18+I
  70 NEXT I
  80 J=J+1:GOSUB 500:IF J-5 THEN 100
  90 NEXT M
 100 T=DEG TIME *60-T(0)
 110 LPRINT "Laufzeit":USING "####.##":LPRINT T;" min":USING
 120 END
 500 REM
 510 REM       ERGEBNISAUSDRUCK
 520 REM
 530 A(6)=S(6)/5:A(0)=S(6)/6
 540 FOR I=1 TO 6:A(I)=A(I)+A(0):NEXT I
 550 T(J)=DEG TIME *60
 560 LPRINT J;". Loesung":LF 1:LPRINT "Abenteurer "
 570 FOR I=1 TO 6:LPRINT "A";I;" = ";
 580 USING "#########":LPRINT A(I):USING :NEXT I
 590 LPRINT "Burggeist":LPRINT "B =   129"
 600 LPRINT "Anzahl d. Koerner"
 610 LPRINT "gesamt":LPRINT "S = ";S(0)
 620 LPRINT "Rest":LPRINT "R = ";S(6)
 630 USING "########.#":LPRINT "Rechenzeit"
 640 LPRINT T(J)-T(J-1);" min":LF 3:USING
 650 RETURN
```

## Ergebnisausdrucke

```
  1. Loesung              3. Loesung              5. Loesung

Abenteurer              Abenteurer              Abenteurer
A 1 =      51871        A 1 =     176433        A 1 =     300995
A 2 =      45390        A 2 =     154400        A 2 =     263410
A 3 =      39989        A 3 =     136039        A 3 =     232089
A 4 =      35488        A 4 =     120738        A 4 =     205988
A 5 =      31737        A 5 =     107987        A 5 =     184237
A 6 =      28611        A 6 =      97361        A 6 =     166111
Burggeist               Burggeist               Burggeist
B =  129                B =  129                B =  129
Anzahl d. Koerner       Anzahl d. Koerner       Anzahl d. Koerner
gesamt                  gesamt                  gesamt
S =  233215             S =  793087             S =  1352959
Rest                    Rest                    Rest
R =  78030              R =  265530             R =  453030
Rechenzeit              Rechenzeit              Rechenzeit
       2.7 min                 4.0 min                 4.0 min


  2. Loesung              4. Loesung              Laufzeit: 19.56698
                                                    min
Abenteurer              Abenteurer
A 1 =     114152        A 1 =     238714
A 2 =      99895        A 2 =     208905
A 3 =      88014        A 3 =     184064
A 4 =      78113        A 4 =     163363
A 5 =      69862        A 5 =     146112
A 6 =      62986        A 6 =     131736
Burggeist               Burggeist
B =  129                B =  129
Anzahl d. Koerner       Anzahl d. Koerner
gesamt                  gesamt
S =  513151             S =  1073023
Rest                    Rest
R =  171780             R =  359280
Rechenzeit              Rechenzeit
       4.0 min                 4.0 min
```

## 1.6 Taschencomputer PC-1500 (BASIC)

### *von Hans Martin von Staudt*

Für die Lösung dieser Aufgabe wurde ein PC-1500 verwendet, dessen BASIC auch zur Umsetzung des Lösungsalgorithmus diente. Da das Programm lediglich einen Umfang von 1191 Bytes hat, wird keine Speichererweiterung benötigt. Für die Ausdrucke wurde der Plotter CE-150 benutzt, der aber nicht unbedingt nötig ist. Das Listing wurde mit dem ROTATE-LIST-Programm aus dem Mikrocomputer-Jahrbuch '85 erstellt.

Lösungsweg

Der nachfolgend beschriebene Lösungsweg benutzt als Ausgangspunkt den am Morgen verbliebenen Rest, der ja - entsprechend der Aufgabenstellung - durch 6 teilbar sein muß. Für diesen Rest muß weiter gefordert werden, daß er durch 5 teilbar ist, da er nur noch 5/6 des Schatzes entspricht, den der um Mitternacht erwachte Abenteurer nach Abzug der 24 Goldkörner vorfand. Der Rest R muß demnach ein ganzzahliges Vielfaches von 30 sein.

Der Gesamtumfang des Schatzes S ergibt sich, ausgehend vom Rest R, nach folgender Formel:

$$S = (((((\underbrace{30K \cdot 6/5 + 24}_{R}) \cdot 6/5 + 23) \cdot 6/5 + 22) \cdot 6/5 + 21) \cdot 6/5 + 20) \cdot 6/5 + 19$$

Damit sich für S ein ganzzahliger Wert ergibt, muß der Inhalt jeder Klammer ein Vielfaches von 5 sein. Genau nach diesem Kriterium werden in den Zeilen 5 ... 70 Lösungen für K ermittelt.

Die ersten drei Lösungssätze wurden zusätzlich mit einem anderen Programm überprüft, welches von der Zahl S ausgeht und bei einer Verteilung ähnlich der in den Zeilen 180 bis 210 testet, ob die

Rechnung ganzzahlig aufgeht. Dieser Algorithmus erwies sich allerdings als ziemlich zeitintensiv (mindestens vier Stunden pro Lösungssatz).

## Programmbeschreibung

Das Programm startet mit DEF S. Der Benutzer wird dann zuerst gefragt, ob er eine Ergebnisausgabe auf dem Drucker wünscht. Wird hier eine leere Eingabe gemacht, so erfolgt keine Druckausgabe. Da in der Aufgabenstellung 5 Lösungssätze gefordert sind, wird eine entsprechende FOR-NEXT-Schleife fünfmal durchlaufen.

Zur Bestimmung der Rechenzeit wird in Zeile 140 die Echtzeituhr des PC-1500 zurückgesetzt, worauf dann der eigentlich wichtige Programmteil als Unterprogramm angesprungen wird. Er befindet sich übrigens aus Geschwindigkeitsgründen am Programmanfang. Hier wird mit 1 beginnend diejenige Zahl K gesucht, welche die oben genannten Bedingungen erfüllt. Zeile 30 gibt die Größe des Restes R aus, um den Benutzer über den augenblicklichen Stand der Suche zu informieren. Ist eine Zahl K mit den gewünschten Eigenschaften gefunden, so wird noch die ursprüngliche Goldkörnerzahl S berechnet und dann das Unterprogramm beendet.

Ausgehend vom Schatzumfang S wird nun in den Zeilen 180 bis 210 die Verteilung für die Nacht vorgenommen, worauf dann noch der Rest in den Zeilen 230 bis 250 verteilt wird.

Nach Feststellung der Rechenzeit werden die Ergebnisse ausgegeben, abhängig von der Variablen D auf dem Drucker oder im Display des Rechners. Der PAUSE-Befehl bei der Ausgabe auf der Anzeige entspricht dem PRINT-Befehl mit einer konstanten Wartezeit von ca. 1 Sekunde. Es müssen hier auch alle Ausgaben mit der ENTER-Taste quittiert werden.

## Anweisungsliste

```
  5 K=K+1
 10 N=(36*K+24)/5:IF N<>INT N THEN 5
 20 N=(6*N+23)/5.IF N<>INT N THEN 5
 30 N=(6*N+22)/5.PRINT 30*K.IF N<>INT N THEN 5
 40 N=(6*N+21)/5 IF N<>INT N THEN 5
 50 N=(6*N+20)/5 IF N<>INT N THEN 5
 60 S=6*N-19.REM urspruengliche Goldkoernerzahl
 70 RETURN
 80 REM
 90 REM
100 "S"REM Schatzproblem

110 CLEAR :USING :DIM A(5):REM Abenteurer 1...6
120 INPUT "Druckerausgabe?";A$:D=1
130 FOR I=1 TO 5:REM 5 Loesungssaetze
140 CLS :WAIT 0:TIME =0:REM Uhr setzen
150 GOSUB 5:REM naechste Loesung suchen
160 B=0:REM Burggeist
170 REM Verteilung in der Nacht
180 FOR U=19 TO 24
190 S=S-U:B=B+U:REM Tribut an den Burggeist
200 A(U-19)=S/6:S=S*5/6
210 NEXT U

220 REM Verteilung am naechsten Morgen
230 FOR J=0 TO 5
240 A(J)=A(J)+S/6
250 NEXT J
260 T=TIME *100:REM Rechenzeit bestimmen
270 REM
280 REM Ausgabe der Ergebnisse
290 IF D GOTO 400
300 BEEP 3:WAIT :PAUSE I;". Loesungssatz"
310 FOR J=1 TO 6
320 PRINT J;". Abenteurer :";A(J-1)

330 NEXT J
340 PRINT "Burggeist :";B
350 PRINT "Urspr. Anzahl :";6*N+19
360 PRINT "Rest am Morgen :";S
370 PAUSE "Benoetigte Rechenzeit :"
380 PRINT INT T;" min, ";100*(T-INT T);" sec"
390 NEXT I:END
400 REM Ergebnisausgabe auf den Drucker
410 TEXT :CSIZE 2
420 LPRINT I;". Loesungssatz":LPRINT
430 FOR J=1 TO 6

440 LPRINT STR$ J+". Abenteurer :",A(J-1)
450 NEXT J
460 LPRINT "Burggeist :",B
470 LPRINT "Urspr. Anzahl :",6*N+19
480 LPRINT "Rest am Morgen :",S
490 LPRINT "Rechenzeit :":LPRINT INT T;" min, ";100*(T-INT T);" sec":LF 3
500 NEXT I:END
```

## Ergebnisausdrucke

### 1. Loesungssatz

```
1. Abenteurer :
          51871
2. Abenteurer :
          45390
3. Abenteurer :
          39989
4. Abenteurer :
          35488
5. Abenteurer :
          31737
6. Abenteurer :
          28611
Burggeist :
          129
Urspr. Anzahl :
          233215
Rest am Morgen :
          78030
Rechenzeit :
 4 min, 11 sec
```

### 2. Loesungssatz

```
1. Abenteurer :
          114152
2. Abenteurer :
          99895
3. Abenteurer :
          88014
4. Abenteurer :
          78113
5. Abenteurer :
          69862
6. Abenteurer :
          62986
Burggeist :
          129
Urspr. Anzahl :
          513151
Rest am Morgen :
          171780
Rechenzeit :
 5 min, 2 sec
```

### 3. Loesungssatz

```
1. Abenteurer :
          176433
2. Abenteurer :
          154400
3. Abenteurer :
          136039
4. Abenteurer :
          120738
5. Abenteurer :
          107987
6. Abenteurer :
          97361
Burggeist :
          129
Urspr. Anzahl :
          793087
Rest am Morgen :
          265530
Rechenzeit :
 5 min, 3 sec
```

### 4. Loesungssatz

```
1. Abenteurer :
          238714
2. Abenteurer :
          208905
3. Abenteurer :
          184064
4. Abenteurer :
          163363
5. Abenteurer :
          146112
6. Abenteurer :
          131736
Burggeist :
          129
Urspr. Anzahl :
          1073023
Rest am Morgen :
          359280
Rechenzeit :
 5 min, 1 sec
```

### 5. Loesungssatz

```
1. Abenteurer :
          300995
2. Abenteurer :
          263410
3. Abenteurer :
          232089
4. Abenteurer :
          205988
5. Abenteurer :
          184237
6. Abenteurer :
          166111
Burggeist :
          129
Urspr. Anzahl :
          1352959
Rest am Morgen :
          453030
Rechenzeit :
 5 min, 1 sec
```

# 1.7  Taschencomputer PC-1500 und PC-1350 (BASIC)

## von Wilfried Eisele

Lösungsweg

Annahme:  Es sei die Zahl S der Goldkörner bekannt.
Dann gilt:

$$R_1 = S - 19 \qquad A_1 = \tfrac{1}{6} R_1 \qquad B = B + 19$$

$$R_2 = \tfrac{5}{6} (R_1 - 20) \qquad A_2 = \tfrac{1}{6} R_2 \qquad B = B + 20$$

$$R_3 = \tfrac{5}{6} (R_2 - 21) \qquad A_3 = \tfrac{1}{6} R_3 \qquad B = B + 21$$

$$R_4 = \tfrac{5}{6} (R_3 - 22) \qquad A_4 = \tfrac{1}{6} R_4 \qquad B = B + 22$$

$$R_5 = \tfrac{5}{6} (R_4 - 23) \qquad A_5 = \tfrac{1}{6} R_5 \qquad B = B + 23$$

$$R_6 = \tfrac{5}{6} (R_5 - 24) \qquad A_6 = \tfrac{1}{6} R_6 \qquad B = B + 24$$

$$R = \tfrac{5}{6} R_6$$

$$\text{Für } i = 1 \ldots 6 : \quad A_i = A_i + \tfrac{R}{6} \; ; \quad T = \tfrac{R}{6}$$

wobei:

$R_1 \ldots R_6$ : Jeweilige Reste, nachdem der Burggeist versorgt ist

$A_1 \ldots A_6$ : Anteile der Abenteurer
B        : Anteil des Burggeistes
R        : Rest am Morgen
T        : Anteil, den jeder am Morgen erhält

Da S unbekannt ist, muß von dem Anteil T ausgegangen werden,
der ganzzahlig sein muß. Deshalb sind die obigen Formeln so um-
zuformen, daß man die anderen Variablen aus T ableiten kann.

$$R = 6 \cdot T$$

$$R_6 = \tfrac{6}{5} R \Rightarrow T \text{ muß durch } 5 \text{ teilbar sein}$$

$$R_5 = \frac{36}{25} R + \frac{24}{5}$$

$$R_4 = \frac{216}{125} R + \frac{144}{25} + \frac{138}{5} \qquad => \text{T läuft in Schritten zu 125}$$

$$R_3 = \frac{1296}{625} R + \frac{5184}{125} + \frac{828}{25} + \frac{132}{5}$$

$$R_2 = \frac{7776}{3125} R + \frac{31\,104}{625} + \frac{4968}{125} + \frac{792}{25} + \frac{126}{5}$$

$$R_1 = \frac{46\,656}{15\,625} R + \frac{186\,624}{3125} + \frac{29\,808}{625} + \frac{4752}{125} + \frac{756}{25} + \frac{120}{5} \qquad (*)$$

Diese sich ergebenden $R_1$ ... $R_6$ müssen ganzzahlig sein. Dies
wird im Programm in den Zeilen 110 bis 160 mittels der Hilfs-
variablen H untersucht. Erst wenn diese Bedingungen erfüllt
sind, wird mit Zeile 165 fortgefahren.

T wird für die 5 gesuchten Lösungen in L(I) gespeichert. Aus
(*) folgt, daß jede weitere Lösung T in Schritten von $2^6$
(=15 625) gesucht werden muß (Zeile 165). Zeile 180 weist B
den sich ergebenden Wert zu.

Zeilen 190 bis 280 werden 5mal (für 5 Lösungen) durchlaufen.
Berechnung der gesuchten Werte:

Der Index I kennzeichnet die Lösung I (= 0...4)
Der Index J bestimmt den Abenteurer J (= 1...6)

Beispiel: A(2,4) ist die Anzahl der Goldkörner des 2. Aben-
          teurers in der (4+1). Lösung

Ausgabe der Ergebnisse in Zeilen 300 bis 380.

PC-1500A :   810 Bytes ohne Variablen; 21 Sekunden Rechenzeit
PC-1350  :   669 Bytes ohne Variablen; 35 Sekunden Rechenzeit

Bei Benutzung von 27 Registern ergibt sich für den PC-1500
ein Gesamtspeicherbedarf von 810 + 135 = 945 Bytes.

Anmerkung: Das Programm ist für den PC-1500 und den PC-1350
völlig identisch (außer, daß beim PC-1350 die Zeitberechnung
mittels TIME fehlt)

Anweisungsliste und Ergebnisse (PC-1500)

```
100:"K"CLEAR :AN=
    TIME :T=5,Z=12
    5
105:DIM L(4),A(6,4
    ),S(4),R(4)
110:T=T+Z
120:H=1.44*T+4.8:
    IF H<>INT H
    THEN 110
130:H=1.728*T+10.3
    6:IF H<>INT H
    THEN 110
140:H=2.0736*T+16.
    832:IF H<>INT
    HTHEN 110
150:H=2.48832*T+24
    .3984:IF H<>
    INT HTHEN 110
160:H=2.985984*T+3
    3.27808:IF H<>
    INT HTHEN 110
165:Z=15625
170:L(I)=T:I=I+1:
    IF I<5THEN 110
180:B=21.5*6
190:FOR I=0TO 4
200:R(I)=6*L(I)
210:R6=6/5*R(I),A(
    6,I)=R6/6
220:R5=6/5*(R6+24)
    ,A(5,I)=R5/6
230:R4=6/5*(R5+23)
    ,A(4,I)=R4/6
240:R3=6/5*(R4+22)
    ,A(3,I)=R3/6
250:R2=6/5*(R3+21)
    ,A(2,I)=R2/6
260:R1=6/5*(R2+20)
    ,A(1,I)=R1/6
270:S(I)=R1+19
275:FOR J=1TO 6:A(
    J,I)=A(J,I)+R(
    I)/6:NEXT J
280:NEXT I:EN=TIME
285:Y=100*(DMS (
    DEG EN-DEG AN)
    ),Y=INT (100*Y
    )/100
290:LPRINT "ZEIT:"
    ;INT Y;":";
    STR$ (100*(Y-
    INT Y));" MINU
    TEN"
300:FOR I=0TO 4
310:LPRINT "FALL";
    I+1;":"
320:FOR J=1TO 6
330:LPRINT "ABENTE
    URER "+STR$ J+
    ":",A(J,I)
340:NEXT J
350:LPRINT "BURGGE
    IST:";B
360:LPRINT "URSPR.
    SCHATZ:",S(I)
370:LPRINT "REST A
    M MORGEN:",R(I
    )
380:NEXT I
```

```
STATUS 1
                810
ZEIT: 0:21 MINUTEN
FALL 1:
ABENTEURER 1:
                51871
ABENTEURER 2:
                45390
ABENTEURER 3:
                39989
ABENTEURER 4:
                35488
ABENTEURER 5:
                31737
ABENTEURER 6:
                28611
BURGGEIST: 129
URSPR. SCHATZ:
                233215
REST AM MORGEN:
                78030
FALL 2:
ABENTEURER 1:
                114152
ABENTEURER 2:
                99895
ABENTEURER 3:
                88014
ABENTEURER 4:
                78113
ABENTEURER 5:
                69862
ABENTEURER 6:
                62986
BURGGEIST: 129
URSPR. SCHATZ:
                513151
REST AM MORGEN:
                171780
```

```
FALL 3:
ABENTEURER 1:
                176433
ABENTEURER 2:
                154400
ABENTEURER 3:
                136039
ABENTEURER 4:
                120738
ABENTEURER 5:
                107987
ABENTEURER 6:
                97361
BURGGEIST: 129
URSPR. SCHATZ:
                793087
REST AM MORGEN:
                265530
FALL 4:
ABENTEURER 1:
                238714
ABENTEURER 2:
                208905
ABENTEURER 3:
                184064
ABENTEURER 4:
                163363
ABENTEURER 5:
                146112
ABENTEURER 6:
                131736
BURGGEIST: 129
URSPR. SCHATZ:
                1073023
REST AM MORGEN:
                359280
FALL 5:
ABENTEURER 1:
                300995
ABENTEURER 2:
                263410
ABENTEURER 3:
                232089
ABENTEURER 4:
                205988
ABENTEURER 5:
                184237
ABENTEURER 6:
                166111
BURGGEIST: 129
URSPR. SCHATZ:
                1352959
REST AM MORGEN:
                453030
```

## 1.8  Taschenrechner PC-1261 (BASIC)

*von Guntram Lange*

Erläuterungen zum Programmaufbau

Das Problem wird ausgehend von dem Rest am nächsten Morgen gelöst. Dieser Rest (R) muß ein Vielfaches von 6 sein, damit jeder
Abenteurer am nächsten Morgen seinen ganzzahligen Anteil erhält.

Der Schatzrest (S) kurz vor Mitternacht hat die Form

$$S = 6 \cdot N(6) + 24 \tag{1}$$

mit N(6):  heimliche Entnahme des 6. Teils um Mitternacht

$$N(6) = R/5 \tag{2}$$

da 5 Anteile als Rest (R) verbleiben. Verallgemeinert lauten
die Formeln zur Ermittlung des heimlichen Anteils N(j)

$$S = 6 \cdot N(j) + U \quad \text{d.h. Schatzrest vor U-Uhr} \tag{3}$$

mit N(j):  Anteil des Abenteurers Nr. j
    U    :  Uhrzeit, d.h. Anteil für den Burggeist

$$N(j) = S^+/5 \tag{4}$$

mit $S^+$ :  Schatzrest bei (j+1) und U = U + 1

Die Gesamtzahl der Goldkörner, die der Burggeist erhält,
ergibt sich aus

$$B = 19 + 20 + 21 + 22 + 23 + 24 = 129 \tag{5}$$

Bedienungshinweise

Das Programm wird mit "RUN" gestartet und läuft dann selbstän-
dig ab. Die ersten 5 Lösungen werden am Ende der äußeren
Schleife ausgegeben. Sollen mehr Lösungen gesucht werden, so
muß in Zeile 60 die 5 ausgetauscht werden.

## Anweisungsliste

```
1:REM .Knobelecke...85
  .... Aufgabe 1
  SCHATZVERTEILUNG
2:REM  Loesung von
  Guntram Lange auf
  SHARP PC-1261+CE125
3:REM 19.2.1985
10:REM R=Rest am naech-
  sten Morgen, S=ur-
  spruengliche Gold-
  koernerzahl
20:REM SPEICHERBEDARF
  1231  BYTE
30:REM U=Uhrzeit,N(I)=
  6-ter Teil nachts,
  G(I)=Summe der Gold-
  koerner pro Kopf
40:CLEAR : DIM G(6),N(7
  )
50:REM Suchschleife
  fuer die 5 ersten
  Loesungen
60:FOR I=1 TO 5
70:REM Startwerte: N(7)
  Anteil pro Kopf am
  naechsten Morgen
80:U=24:N(7)=N(7)+5
90:R=6*N(7)
100:N(6)=R/5
110:REM BEECHNUNG UND
   UEBERPRUEFUNG DER
   RESTLICHEN SECHSTEN
   TEILE
120:H=0:S=6*N(6)+U
130:FOR J=5 TO 1 STEP -1
140:U=U-1
150:N(J)=S/5
160:IF N(J)= INT N(J)
   LET H=H+1
170:S=6*N(J)+U
180:NEXT J
190:REM FALLS N(1)-N(5)
   GANZZAHLIG IST,IST H
   =5.
200:IF H<>5 THEN 80
220:REM BERECHNUNG VON
   G(I)=SUMME DER GOLD-
   KOERNER PRO KOPF AM
   MORGEN
230:FOR J=1 TO 6
240:G(J)=N(J)+N(7)
250:NEXT J
260:REM AUSGABE
270:LPRINT ""
280:LPRINT I;"LOESUNG"
290:LPRINT "ABENTEUERER
   GOLDSTUECKE"
300:FOR J=1 TO 6
310:LPRINT STR$ J,G(J)
320:NEXT J
330:LPRINT "  GOLDKOERNE
   R FUER DEN       BU
   RGGEIST"
340:LPRINT "       B =";1
   29
350:LPRINT "URSPRUENGLIC
   HE GOLDKOER-NERZAHL
   DES SCHATZES
   S = ";S
360:LPRINT "     REST AM
   MORGEN"
370:LPRINT "       R = ";
   R
380:LPRINT ""
390:NEXT I
400:END
```

## Ergebnisausdrucke

```
1.LOESUNG
ABENTEUERER   GOLDSTUECKE
1                   51871.
2                   45390.
3                   39989.
4                   35488.
5                   31737.
6                   28611.
   GOLDKOERNER FUER DEN
      BURGGEIST
      B =129.
URSPRUENGLICHE GOLDKOER-
NERZAHL DES SCHATZES
   S = 233215.
    REST AM MORGEN
    R = 78030.
```

```
2.LOESUNG
ABENTEUERER   GOLDSTUECKE
1                  114152.
2                   99895.
3                   88014.
4                   78113.
5                   69862.
6                   62986.
   GOLDKOERNER FUER DEN
      BURGGEIST
      B =129.
URSPRUENGLICHE GOLDKOER-
NERZAHL DES SCHATZES
   S = 513151.
    REST AM MORGEN
    R = 171780.
```

```
3.LOESUNG
ABENTEUERER   GOLDSTUECKE
1                  176433.
2                  154400.
3                  136039.
4                  120738.
5                  107987.
6                   97361.
   GOLDKOERNER FUER DEN
      BURGGEIST
      B =129.
URSPRUENGLICHE GOLDKOER-
NERZAHL DES SCHATZES
   S = 793087.
    REST AM MORGEN
    R = 265530.
```

```
4.LOESUNG                    5.LOESUNG
ABENTEUERER  GOLDSTUECKE     ABENTEUERER  GOLDSTUECKE
1             238714.        1             300995.
2             208905.        2             263410.
3             184064.        3             232089.
4             163363.        4             205988.
5             146112.        5             184237.
6             131736.        6             166111.
   GOLDKOERNER FUER DEN         GOLDKOERNER FUER DEN
       BURGGEIST                    BURGGEIST
       B =129.                      B =129.
URSPRUENGLICHE GOLDKOER-     URSPRUENGLICHE GOLDKOER-
NERZAHL DES SCHATZES        NERZAHL DES SCHATZES
      S = 1073023.                S = 1352959.
      REST AM MORGEN              REST AM MORGEN
      R = 359280.                 R = 453030.
```

```
            Rechen- und Ausgabezeit
            fuer die 5 ersten Loe-
            sungen auf
                SHARP PC-1261
                4:48:15 (h:min:s)
```

## 1.9  Taschenrechner TI-59 (AOS)

*von Dipl.-Ing. Paul Krawczyk*

Um schnell an die Ergebnisse zu kommen, wurde die Lösung so auf-
gezogen, daß die kleinstmögliche Unbekannte (Teil der Beute, den
jeder Abenteurer am Morgen erhält) gesucht wird und zwar in
relativ großen Schritten.

Annahmen

S - Ursprüngliche Goldkörnerzahl des Schatzes
R - der am Morgen verteilte Rest
R = 6r - weil der Rest durch 6 teilbar sein soll.

$$\left(\left(\left(\left(\left(\left(S-19\right)\tfrac{5}{6}-20\right)\tfrac{5}{6}-21\right)\tfrac{5}{6}-22\right)\tfrac{5}{6}-23\right)\tfrac{5}{6}-24\right)\tfrac{5}{6} = 6r$$

$$S\left(\tfrac{5}{6}\right)^6 -19\left(\tfrac{5}{6}\right)^6 -20\left(\tfrac{5}{6}\right)^5 -21\left(\tfrac{5}{6}\right)^4 -22\left(\tfrac{5}{6}\right)^3 -23\left(\tfrac{5}{6}\right)^2 -24\left(\tfrac{5}{6}\right)^1 = 6r$$

$$\left(\tfrac{5}{6}\right)^6 \left(S-19-20\left(\tfrac{6}{5}\right)^1 -21\left(\tfrac{6}{5}\right)^2 -22\left(\tfrac{6}{5}\right)^3 -23\left(\tfrac{6}{5}\right)^4 -24\left(\tfrac{6}{5}\right)^5\right) = 6r$$

$$S = 17,915904\ r + 218,668480 \tag{1}$$

Wir haben es also mit einer Geraden und linearen Abhängigkeiten zu tun. Es reicht praktisch aus, wenn man $r_1$ und $r_2$ findet, um alle - also auch die geforderten 5 Lösungssätze - bestimmen zu können:

$$(dr) = \frac{r_2 - r_1}{r_1}$$

$$r_2 = r_1 + (dr)$$

$$r_3 = r_1 + 2(dr)$$

$$\dots\dots\dots\dots$$

$$r_n = r_1 + (n-1)(dr)$$

S ist wesentlich größer als r, es ist günstiger, r zu suchen. S ist eine Ganzzahl, somit ist auch die rechte Seite der Gleichung (1) eine Ganzzahl. Das Produkt:

$$17{,}915904\ r \tag{2}$$

muß die Zahl 218,668480 zur ganzen Zahl ergänzen. Das Produkt (2) muß also hinter dem Komma:

$$\dots,331520$$

betragen. Es gilt also:

$$17{,}915904\ r = \dots,331520 \tag{3}$$

Diese Gleichung wird nur dann erfüllt, wenn r am Ende eine 5 oder 0 beinhaltet. Ferner stellt man fest, daß:

17,915904 r = ..., ...20 , wenn:   r = ...05 oder r = ...55

                                                  r = ...30 oder r = ...80

Ähnlich kann man die möglichen Zahlen-Kombinationen an dritter Stelle feststellen:

17,915904 r = ..., ...520, wenn:   r = ...005 oder r = ...505

                                                  r = ...255  "   r = ...755

                                                  r = ...130  "   r = ...630

                                                  r = ...380  "   r = ...880

Nach Sortierung:

| | |
|---|---|
| r = ...005 | r = ...505 |
| r = ...130 | r = ...630 |
| r = ...255 | r = ...755 |
| r = ...380 | r = ...880 |

und so weiter, immer um

$(dr) = 125$ größer.

Es gilt zu prüfen:

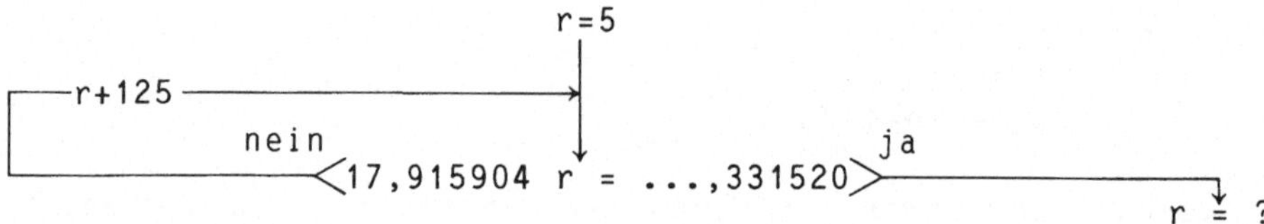


Nachdem $r_1$ gefunden wurde, muß noch $r_2$ ermittelt werden, um alle ausbleibenden Fragen beantworten zu können.

S - wird aus (1) errechnet

$R = 6\,r$

$$A_{1,n} = (S_n - 19)\tfrac{1}{6} + r_n$$

$$A_{2,n} = ((S_n - 19)\tfrac{5}{6} - 20)\tfrac{1}{6} + r_n$$

$$A_{3,n} = (((S_n - 19)\tfrac{5}{6} - 20)\tfrac{5}{6} - 21)\tfrac{1}{6} + r_n$$

$$A_{4,n} = ((((S_n - 19)\tfrac{5}{6} - 20)\tfrac{5}{6} - 21)\tfrac{5}{6} - 22)\tfrac{1}{6} + r_n$$

$$A_{5,n} = (((((S_n - 19)\tfrac{5}{6} - 20)\tfrac{5}{6} - 21)\tfrac{5}{6} - 22)\tfrac{5}{6} - 23)\tfrac{1}{6} + r_n$$

$$A_{6,n} = ((((((S_n - 19)\tfrac{5}{6} - 20)\tfrac{5}{6} - 21)\tfrac{5}{6} - 22)\tfrac{5}{6} - 23)\tfrac{5}{6} - 24)\tfrac{1}{6} + r_n$$

Der Burggeist erhält immer die gleiche Anzahl von Goldkörnern:

$$B = \frac{19 + 24}{2}\,6 \quad \text{arithmetische Folge.}$$

## Programmablauf

Der Programmstart erfolgt mit (A). Die Ergebnisse werden der
Reihe nach ausgedruckt. Beim Betrieb ohne Drucker muß Programmschritt 211 (NOP) durch (R/S) ersetzt werden. Jetzt hält das
Programm bei jedem Ergebnis an. Das Programm ist so aufgebaut,
daß zuerst $r_1$ und $r_2$ ermittelt werden. Das geschieht im Unterprogramm $(x^2)$ - Programmschritte 003-024. Das aktuelle r wird

im Speicher 09 und das $(dr) = r_2 - r_1$ im Speicher 08 abgelegt.
Dann werden die Ergebnisse nach den oben angegebenen Formeln
berechnet. Die augenblicklichen Ergebnisse werden bis zum Druck
gespeichert:

| Daten-register | 10 | 11 | 12 | 13 | 14 | 15 | 16 | 17 | 18 |
|---|---|---|---|---|---|---|---|---|---|
| Ergebnis | $S_n$ | $R_n$ | $A_{1,n}$ | $A_{2,n}$ | $A_{3,n}$ | $A_{4,n}$ | $A_{5,n}$ | $A_{6,n}$ | B |

Nach dem Ausdruck der Ergebnisse wird geprüft, ob sie vollständig sind. Wenn nicht, erfolgt: $r_{n+1} = r_n + (dr)$ - STO 09, und
alles läuft eine weitere Schleife. In der Aufgabe wurden die
fünf ersten Lösungen ermittelt, dies kann man ändern, wenn man
die neu gewünschte Zahl in Programmschritt 089 eintippt.

```
000   25  CLR     021   33  X²      042   51   51     063   43  RCL
001   91  R/S     022   76  LBL     043   32  X:T     064   09   09
002   81  RST     023   34  ГX      044   05   5      065   95   =
003   76  LBL     024   92  RTN     045   42  STO     066   42  STO
004   33  X²      025   76  LBL     046   01   01     067   08   08
005   43  RCL     026   35  1/X     047   71  SBR     068   43  RCL
006   01   01     027   74  SM*     048   33  X²      069   56   56
007   65   ×      028   01   01     049   43  RCL     070   69  OP
008   43  RCL     029   69  OP      050   01   01     071   01   01
009   50   50     030   21   21     051   42  STO     072   43  RCL
010   95   =      031   97  DSZ     052   09   09     073   57   57
011   22  INV     032   00   00     053   01   1      074   69  OP
012   59  INT     033   35  1/X     054   02   2      075   02   02
013   67  EQ      034   68  NOP     055   05   5      076   43  RCL
014   34  ГX      035   92  RTN     056   44  SUM     077   58   58
015   01   1      036   76  LBL     057   01   01     078   69  OP
016   02   2      037   11   A      058   71  SBR     079   03   03
017   05   5      038   25  CLR     059   33  X²      080   43  RCL
018   44  SUM     039   22  INV     060   43  RCL     081   59   59
019   01   01     040   58  FIX     061   01   01     082   69  OP
020   61  GTO     041   43  RCL     062   75   -      083   04   04
```

| | | | | | | | | | | |
|---|---|---|---|---|---|---|---|---|---|---|
| 084 | 98 | ADV | 126 | 02 | 2 | 168 | 95 | = | 210 | 06 | 06 |
| 085 | 69 | OP | 127 | 00 | 0 | 169 | 55 | ÷ | 211 | 68 | NOP |
| 086 | 05 | 05 | 128 | 95 | = | 170 | 06 | 6 | 212 | 69 | OP |
| 087 | 69 | OP | 129 | 55 | ÷ | 171 | 95 | = | 213 | 22 | 22 |
| 088 | 00 | 00 | 130 | 06 | 6 | 172 | 42 | STO | 214 | 69 | OP |
| 089 | 05 | 5 | 131 | 65 | × | 173 | 17 | 17 | 215 | 21 | 21 |
| 090 | 42 | STO | 132 | 42 | STO | 174 | 01 | 1 | 216 | 97 | DSZ |
| 091 | 03 | 03 | 133 | 13 | 13 | 175 | 02 | 2 | 217 | 00 | 00 |
| 092 | 01 | 1 | 134 | 05 | 5 | 176 | 42 | STO | 218 | 30 | TAN |
| 093 | 09 | 9 | 135 | 75 | - | 177 | 01 | 01 | 219 | 04 | 4 |
| 094 | 85 | + | 136 | 02 | 2 | 178 | 06 | 6 | 220 | 00 | 0 |
| 095 | 02 | 2 | 137 | 01 | 1 | 179 | 42 | STO | 221 | 42 | STO |
| 096 | 04 | 4 | 138 | 95 | = | 180 | 00 | 00 | 222 | 01 | 01 |
| 097 | 95 | = | 139 | 55 | ÷ | 181 | 43 | RCL | 223 | 08 | 8 |
| 098 | 65 | × | 140 | 06 | 6 | 182 | 09 | 09 | 224 | 42 | STO |
| 099 | 03 | 3 | 141 | 65 | × | 183 | 71 | SBR | 225 | 00 | 00 |
| 100 | 95 | = | 142 | 42 | STO | 184 | 35 | 1/X | 226 | 01 | 1 |
| 101 | 42 | STO | 143 | 14 | 14 | 185 | 65 | × | 227 | 71 | SBR |
| 102 | 18 | 18 | 144 | 05 | 5 | 186 | 06 | 6 | 228 | 35 | 1/X |
| 103 | 76 | LBL | 145 | 75 | - | 187 | 95 | = | 229 | 43 | RCL |
| 104 | 39 | COS | 146 | 02 | 2 | 188 | 42 | STO | 230 | 08 | 08 |
| 105 | 43 | RCL | 147 | 02 | 2 | 189 | 11 | 11 | 231 | 44 | SUM |
| 106 | 09 | 09 | 148 | 95 | = | 190 | 01 | 1 | 232 | 09 | 09 |
| 107 | 65 | × | 149 | 55 | ÷ | 191 | 00 | 0 | 233 | 98 | ADV |
| 108 | 43 | RCL | 150 | 06 | 6 | 192 | 42 | STO | 234 | 97 | DSZ |
| 109 | 52 | 52 | 151 | 65 | × | 193 | 01 | 01 | 235 | 03 | 03 |
| 110 | 85 | + | 152 | 42 | STO | 194 | 04 | 4 | 236 | 39 | COS |
| 111 | 43 | RCL | 153 | 15 | 15 | 195 | 00 | 0 | 237 | 98 | ADV |
| 112 | 53 | 53 | 154 | 05 | 5 | 196 | 42 | STO | 238 | 98 | ADV |
| 113 | 75 | - | 155 | 75 | - | 197 | 02 | 02 | 239 | 81 | RST |
| 114 | 42 | STO | 156 | 02 | 2 | 198 | 09 | 9 | 240 | 00 | 0 |
| 115 | 10 | 10 | 157 | 03 | 3 | 199 | 42 | STO | 241 | 00 | 0 |
| 116 | 01 | 1 | 158 | 95 | = | 200 | 00 | 00 | 242 | 00 | 0 |
| 117 | 09 | 9 | 159 | 55 | ÷ | 201 | 76 | LBL | 243 | 00 | 0 |
| 118 | 95 | = | 160 | 06 | 6 | 202 | 30 | TAN | 244 | 00 | 0 |
| 119 | 55 | ÷ | 161 | 65 | × | 203 | 73 | RC* | 245 | 00 | 0 |
| 120 | 06 | 6 | 162 | 42 | STO | 204 | 02 | 02 | 246 | 00 | 0 |
| 121 | 65 | × | 163 | 16 | 16 | 205 | 69 | OP | 247 | 00 | 0 |
| 122 | 42 | STO | 164 | 05 | 5 | 206 | 04 | 04 | 248 | 00 | 0 |
| 123 | 12 | 12 | 165 | 75 | - | 207 | 73 | RC* | 249 | 00 | 0 |
| 124 | 05 | 5 | 166 | 02 | 2 | 208 | 01 | 01 | | | |
| 125 | 75 | - | 167 | 04 | 4 | 209 | 69 | OP | | | |

## Datenregister-Inhalt

| | | | | | | | |
|---|---|---|---|---|---|---|---|
| 0. | 30 | 36000002. | 40 | 0.915904 | 50 | | |
| 0. | 31 | 35000002. | 41 | 0.33152 | 51 | | |
| 0. | 32 | 13025702. | 42 | 17.915904 | 52 | | |
| 0. | 33 | 13035702. | 43 | 218.66848 | 53 | | |
| 0. | 34 | 13045702. | 44 | 0. | 54 | | |
| 0. | 35 | 13055702. | 45 | 0. | 55 | | |
| 0. | 36 | 13065702. | 46 | 361523. | 56 | | |
| 0. | 37 | 13075702. | 47 | 1337464217. | 57 | | |
| 0. | 38 | 14000000. | 48 | 3537172427. | 58 | | |
| 0. | 39 | 0. | 49 | 4131220000. | 59 | | |

SCHATZVERTEILUNG

```
233215.     S   1      793087.     S   3     1352959.     S   5
 78030.     R   1      265530.     R   3      453030.     R   5
 51871.     A1, 1      176433.     A1, 3      300995.     A1, 5
 45390.     A2, 1      154400.     A2, 3      263410.     A2, 5
 39989.     AB, 1      136039.     AB, 3      232089.     AB, 5
 35488.     A4, 1      120738.     A4, 3      205988.     A4, 5
 31737.     A5, 1      107987.     A5, 3      184237.     A5, 5
 28611.     A6, 1       97361.     A6, 3      166111.     A6, 5
   129.     B             129.     B             129.     B

513151.     S   2     1073023.     S   4
171780.     R   2      359280.     R   4
114152.     A1, 2      238714.     A1, 4
 99095.     A2, 2      208905.     A2, 4
 88014.     AB, 2      184064.     AB, 4
 78113.     A4, 2      163363.     A4, 4
 69862.     A5, 2      146112.     A5, 4
 62986.     A6, 2      131736.     A6, 4
   129.     B             129.     B
```

# 2 Dreiecke im Halbkreis

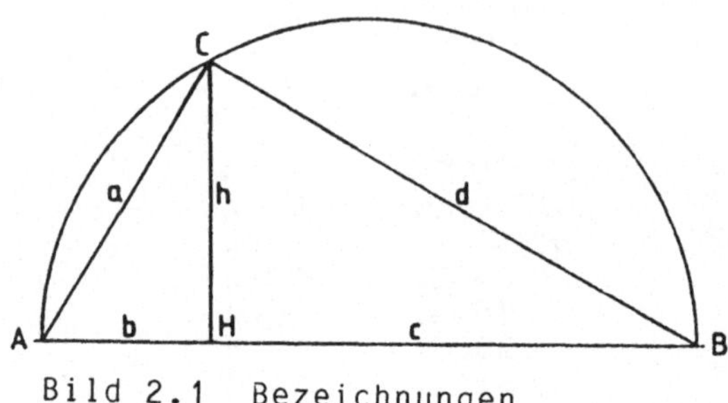

<u>Bild 2.1</u>  Bezeichnungen

a) Im Halbkreis hat das Dreieck ACH den Umfang 1 und das
   Dreieck BCH den Umfang $\sqrt{3}$. Es sind die Längen der Seiten
   AC = a, AH = b, BH = c, BC = d und CH = h zu berechnen.

b) Allgemeine Lösung; die Dreiecksumfänge ACH bzw. BCH sind
   frei wählbar.

Beispiele:   1. $ACH:U_1$ = 10     ;   $BCH:U_2$ = 100
             2. $ACH:U_1$ = 110,25;   $BCH:U_2$ = 138,65
             3. $ACH:U_1$ = 100    ;   $BCH:U_2$ = 100

Alle Ergebnisse sollten aus praktischen Gründen auf drei
Nachkommastellen nach DIN 1333 gerundet werden.

<u>Hinweis:</u>

Eine eventuell auftretende Funktion mehr als 2. Grades kann
mit dem Newtonschen Näherungsverfahren gelöst werden.

## 2.1  Epson QX-10 (BASIC)

*von Dr. Arved Fuhrmann*

Lösungsverfahren

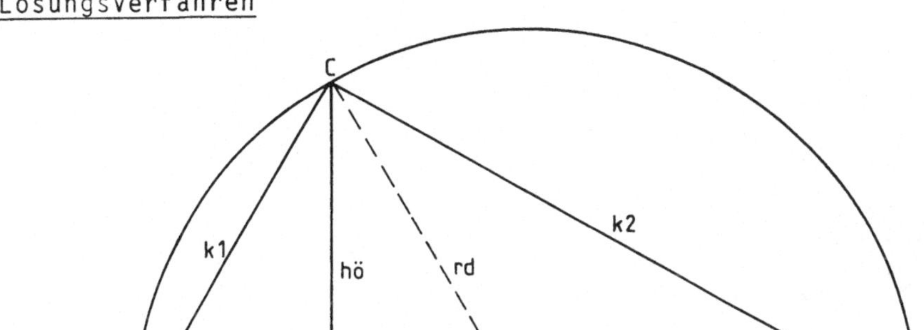

Aus dem Radius  rd  und dem Winkel  al  (alpha) ergeben sich:

Höhe                 (h) hö = rd · sin(2·al)

Hypotenusen-Teil 1 (b) h1 = rd · (1 + cos(2·al))

Kathete 1          (a) k1 = 2 · rd · cos(al)

Umfang 1     hö+h1+k1 = u1 = 2 · rd · cos(al) · (1+cos(al)+sin(al))

Hypotenusen-Teil 2 (c) h2 = rd · (1 - cos(2·al))

Kathete 2          (d) k2 = 2 · rd · sin(al)

Umfang 2     hö+h2+k2 = u2 = 2 · rd · sin(al) · (1+cos(al)+sin(al))


Sind  u1  und  u2  gegeben, so berechnet man

al := arctan(u2/u1);

rd := u1 / (2 · cos(al) · (1+cos(al)+sin(al)))

und daraus nach den obigen Formeln  hö, h1, k1, h2 und k2.


Das BASIC-Programm auf QX-10 druckt die Ergebnisse sofort nach
der Eingabe von  u1  und  u2  aus.

## Anweisungsliste

```
2 INPUT "u1 = " ; U1# : INPUT "u2 = " ; U2#
4 LPRINT "u1 = " ; U1# : LPRINT "u2 = " ; U2#
6 X# = ATN(U2#/U1#) : S# = SIN(X#) : C# = SQR(1 - S#^2) : GOSUB 40
8 LPRINT "al = " ; X#
10 D# = U1# / (C# * (1 + C# + S#)) : X# = D#/2 : GOSUB 40
12 LPRINT "rd = " ; X#
14 X# = D# * C# * S# : GOSUB 40
16 LPRINT "hö = " ; X#
18 X# = D# * C#^2 : GOSUB 40
20 LPRINT "h1 = " ; X#
22 X# = D# * C# : GOSUB 40
24 LPRINT "k1 = " ; X#
26 X# = D# * S#^2 : GOSUB 40
28 LPRINT "h2 = " ; X#
30 X# = D# * S# : GOSUB 40
32 LPRINT "k2 = " ; X# : END
40 X# = 1000 * X# + SGN(X#)/2 : X# = INT(X#)/1000 : RETURN
```

## Ergebnisse

```
u1 =   1                          u1 =   110.25
u2 =   1.732050807568877          u2 =   138.65
al =   1.047                      al =   .899
rd =   .423                       rd =   36.826
hö =   .366                       hö =   35.88
h1 =   .211                       h1 =   28.53
k1 =   .423                       k1 =   45.84
h2 =   .634                       h2 =   45.122
k2 =   .732                       k2 =   57.648


u1 =   10                         u1 =   100
u2 =   100                        u2 =   100
al =   1.471                      al =   .785
rd =   23.991                     rd =   29.289
hö =   4.751                      hö =   29.289
h1 =   .475                       h1 =   29.289
k1 =   4.774                      k1 =   41.421
h2 =   47.506                     h2 =   29.289
k2 =   47.743                     k2 =   41.421
```

## 2.2  Tischrechner PUC-10 (BASIC)

*von Wilhelm-Rüdiger Haberditz*

<u>Lösungsweg</u>

Bewegt man den Scheitelpunkt C eines Winkels $\gamma$ auf einem Halbkreis mit dem Radius r, s. Bild 2.2, und gehen dabei die Schen-
kel a und d immer durch die Endpunkte A bzw. B des Durchmessers
(2r = b+c), so bleibt der Winkel $\gamma$ unverändert ein rechter Winkel ($\gamma$ = 90°). Diese Beziehung war bereits den Babyloniern,
etwa 2000 vor Christi, bekannt.

Davon unabhängig wurde dieser Zusammenhang von dem griechischen
Mathematiker Thales von Milet (ca. 624...546 v.Chr.) herausge-
funden. Der den Winkel $\gamma$ = $\alpha$ + $\beta$ einschließende Halbkreis bzw.
der Vollkreis wird deshalb auch heute noch als Thales-Kreis
bezeichnet.

Ausgehend von diesem Lehrsatz und den trigonometrischen Regeln
läßt sich allgemeingültig für Fall "b" schreiben:

Umfang Dreieck ACH = U1 = a+b+h  (1)

Umfang Dreieck BCH = U2 = c+d+h  (2)

Da in beiden Dreiecken die zugehörigen Winkelwerte für
$\alpha$ bzw. $\beta$ stets gleich sind, gilt:

$X = U2/U1 = d/a = c/h = h/b = TAN(\alpha)$  (3)

$a = b/COS(\alpha) = b\cdot(1+X^2)^{1/2}$  (4)

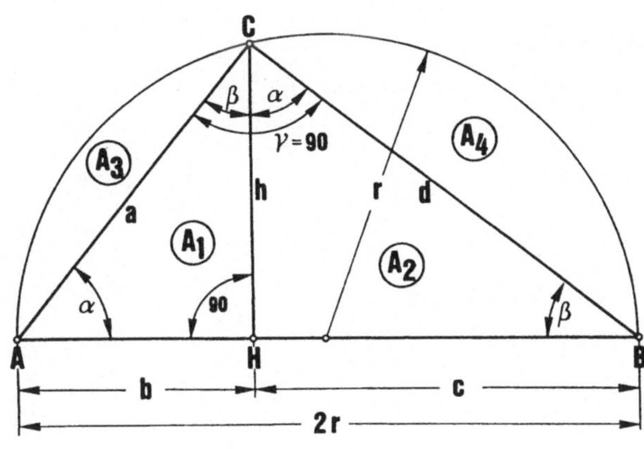


<u>Bild 2.2</u>
Dreiecke im Thales-Kreis

Betrachtet man die Dreiecksseiten als richtungsunabhängige
Skalare, so kann in Gl. (4) nur der positive Potenzterm für die
Berechnung von a verwendet werden, d.h. es ergibt sich nur eine
Lösung. Wären die Dreiecksseiten richtungsabhängige Vektoren,
so würde eine weitere Lösung mit teilweise negativen Seiten-
werten resultieren (transformatorische Betragsdarstellung mit
vektorieller Umfangskontrolle). Für die praktische Anwendung im
geometrisch positiven Sinn ist dieser Fall jedoch ohne Bedeutung.

$$h = b \cdot X \tag{5}$$

Gl. (4) und (5) in Gl. (1) eingesetzt liefert mit den
Zusammenfassungen

$$X = U2/U1 \text{ und } +Y = (1+X^2)^{1/2}$$

die Beziehungen für die Seiten der Dreiecke:

$$a = U1-b-h = \underline{b} \cdot Y \tag{6}$$

$$\underline{b} = U1/(1+X+Y) \tag{7}$$

$$c = h \cdot X = \underline{b} \cdot X^2 \tag{8}$$

$$d = a \cdot X = \underline{b} \cdot X \cdot Y \tag{9}$$

h ergibt sich aus Gl. (5).

Für die übrigen Kenndaten, s. Bild 2.2, gilt:

$$\text{Kreisradius } r \qquad = (b+c)/2 = b \cdot (1+X^2)/2 \tag{10}$$

$$\text{Winkel } \alpha(RAD) \qquad = ATN(X) \tag{11}$$

$$\text{Winkel } \alpha(\text{Altgrad}) = \alpha(RAD) \cdot 45/ATN(1) \tag{12}$$

$$\text{Winkel } \beta(\text{Altgrad}) = 90-\alpha(\text{Altgrad}) \tag{13}$$

Für die Flächen der Dreiecke und der Kreisabschnitte
läßt sich somit schreiben:

$$\text{Dreieck ACH;} \quad A1 = b \cdot h/2 \tag{14}$$

$$\text{Dreieck BCH;} \quad A2 = c \cdot h/2 \tag{15}$$

$$\text{Kreisabschnitt } A3 = r \cdot (r \cdot (\pi-2 \cdot \alpha)-h)/2 \tag{16}$$

$$\text{Kreisabschnitt } A4 = r \cdot (r \cdot 2 \cdot \alpha-h)/2 \tag{17}$$

$$A1 + A2 + A3 + A4 = r^2 \cdot \pi/2 \quad \text{(Kontrolle)} \tag{18}$$

Die Gl. (16) und (17) sind im Bogenmaß (RAD) angelegt.

Beim Sonderfall "a" mit U1 = 1 und U2 = $3^{1/2}$ - der durch die allgemeingültige Version abgedeckt ist - vereinfachen sich die Beziehungen:

a = 2·<u>b</u>          = 0,4226497308                                        (19)

<u>b</u> = 1/(3+$3^{1/2}$) = 0,2113248654                                        (20)

c = 3·<u>b</u>          = 0,6339745962                                        (21)

d = 2·<u>b</u>·$3^{1/2}$     = 0,7320508075                                        (22)

h = <u>b</u>·$3^{1/2}$       = 0,3660254038                                        (23)

Probe a+b+h=U1 = 1,000000000

Probe c+d+h=U2 = 1,732050808 = $3^{1/2}$


<u>Zwei BASIC-Programme für den PUC 10</u>

Ist man nur an den Zahlenwerten für die Dreiecksseiten interessiert, so läßt sich mit den Gl. (5) bis (9) ein einfacher "5-Zeiler" formulieren. Das Programm "DREITHAK 1" belegt <u>297 Bytes</u>, ist bildschirmorientiert und kann universell angewendet werden. Nach Eingabe der Befehle gemäß Anweisungsliste wird das Programm mit "RUN" und "RETURN" initialisiert und U1 und U2 eingegeben. Die Ergebnisse sind als "Hardcopy" mit dem Drucker PUD 2 wiedergegeben. Die Rechen- und Ausgabezeit wurde mit dem internen Zeitgeber ermittelt, sie beträgt <u>ca. 0,12 Sekunden</u>.


Zeile 1:    Allgemeine Dokumentationsdaten;
            Bildschirm löschen und "Cursorhomeposition";
            Klein-/Großschreibung einschalten

Zeile 2:    Definition der Rundungsroutine nach DIN 1333
            (3 Nachkommastellen);
            Eingabe von U1 und U2; Zeitgeber auf Null setzen

Zeile 3/4: Berechnung und Ausgabe der Seitenwerte

Zeile 5:    Rechen- und Ausgabezeit in Sekunden
            auf 2 Nachkommastellen gerundet;
            ein neuer Ablauf wird automatisch vorbereitet

Wünscht man ein Programm mit mehr Komfort, wie formatierte Dar-
stellung, Überprüfung der Eingabewerte, Klartext, Proben, Zusatzdaten etc., so ist etwas mehr "Soft"-Aufwand erforderlich.
Das Programm "THALES" belegt im RAM 2,079 Kbyte, ist wiederum
bildschirmorientiert und allgemeingültig anwendbar. Nach Eingabe der Befehle gemäß Anweisungsliste wird das Programm mit
"RUN" und "RETURN" initialisiert. Eine zweizeilige Laufschrift
"Dreiecke im Thales-Kreis" erscheint als Einleitung. Per Menü
kann mittels Kennziffer zwischen zwei Abläufen gewählt werden:

"1":  Berechnung der Dreiecksseiten a,b,c,d und h inklusive
      Proben für U1 und U2.

"2":  Seitenberechnung mit Proben und Zusatzdaten für Kreis-
      radius r, Winkel $\alpha$, $\beta$, Flächen A1, A2 der Dreiecke und
      Kreisabschnitte A3, A4 und die Kontrollsumme
      $$A1 + A2 + A3 + A4 = r^2 \cdot \pi/2$$

Weitere Hinweise erübrigen sich, da die Benutzerführung im
Klartext und Dialog erfolgt. Die erzielten Ergebnisse sind als
"Hardcopy" mit dem PUD 2 wiedergegeben. Die Rechen- und Ausgabezeit wurde wieder mit dem internen Zeitgeber bestimmt, sie beträgt ca. 0,23 Sekunden für die Berechnung der Seiten.

Beide Programme verwenden im wesentlichen nur die ANSI-Befehle,
so daß eine Übertragung auf andere BASIC-Dialekte und Rechner
leicht möglich ist. Aus der Gegenüberstellung der Programme wird
deutlich, daß Komfort, Ausführungszeit und Speicherbedarf sich
konträr verhalten. Abhängig von der Anwendung muß stets ein
praktikabler Kompromiß eingegangen werden. In der Regel gilt:
"Eine Aufgabe und 10 Leute liefern nicht ein Programm, sondern
zehn oder auch mehr".

Zeilen

100:          Allgemeine Dokumentationsdaten

105...120:   Zweizeilige Laufschrift "Dreiecke im Thales-Kreis"

125...175:   Menü mit Bildschirmrahmen; Überprüfung der Kenn-
             ziffern "1" oder "2", siehe "Hardcopy" zu "THALES"

180...205:   Bildschirm löschen und "Cursorhomeposition"; Kopf-
             text, Dialogeingabe im Klartext und Prüfung auf Fehler

210...265:   Berechnung und Ausgabe der Daten, alternativ mit
             Zusatzdaten ("2") mittels Gl. (1)...(18),
             Bestimmung der Rechen- und Ausgabezeit

270...285:   "Get"-Abfrage für "Neue Berechnung (J/N)"

290...300:   Unterabläufe Stringmanipulation und Formatierung

305...310:   Fehlerroutine mit Zeitschleife ca. 2,5 Sekunden


Anweisungsliste zu "DREITHAK 1"

```
1 print"╓":lts:rem"Pgm DREITHAK1; PUC10; 297B; CR:W.-R. Haberditz"
2 deffnr(v)=int(v*1e3+.5)/1e3:input"↓ U1 =";u1:input" U2 =";u2:ti$="000000"
3 x=u2/u1:y=sqr(1+x*x):b=u1/(1+x+y):print"  a ="fnr(b*y):print"  b ="fnr(b)
4 print"  c ="fnr(b*x*x):print"  d ="fnr(b*x*y):print"  h ="fnr(b*x)
5 print"Zeit="int(ti/.6+.5)/100"Sekunden":run2
```


Beispiele zu "DREITHAK 1" ("Hardcopies")

**1**
```
U1 =? 1
U2 =? 1.73205081
 a = .423
 b = .211
 c = .634
 d = .732
 h = .366
Zeit= .12 Sekunden
```

**3**
```
U1 =? 110.25
U2 =? 138.65
 a = 45.84
 b = 28.53
 c = 45.122
 d = 57.648
 h = 35.88
Zeit= .13 Sekunden
```

**2**
```
U1 =? 10
U2 =? 100
 a = 4.774
 b = .475
 c = 47.506
 d = 47.743
 h = 4.751
Zeit= .12 Sekunden

 U1 =?
```

**4**
```
U1 =? 100
U2 =? 100
 a = 41.421
 b = 29.289
 c = 29.289
 d = 41.421
 h = 29.289
Zeit= .12 Sekunden

 U1 =?
```

## Anweisungsliste zu "THALES"

```
100 rem "Programm Thales; 2.079Kb; Rechner:PUC10; CR: W.-R. Haberditz"
105 lts:s$="D r e i e c k e  im  T h a l e s - Kreis-":fori=1to39:c$=c$+"_":next
110 print "⌐↓↓↓↓↓↓↓↓↓↓"c$:print "⌐"s$"⌐":for k1=1 to 2:for i=1 to 39
115 s$=mid$(s$,39)+mid$(s$,1,38):for t=1 to 250:next t:print
120 print "↑⌐"s$"↑":next i:print "↑↑":next k1
125 print "⌐";:for i=32768 to 32807:poke i,88:poke i+960,88:next
130 for i=32808 to 33688 step40:poke i,88:poke i+39,88:next
135 for i=1 to 18:b$=b$+"__":next:print"⌐↓↓↓";spc(2)b$
140 print spc(2)"▨       Dreiecke im Thales-Kreis     ▨↓"
145 print spc(13)"siehe Figur 1↓↓"
150 print spc(2)"Berechnung der Seiten:"
155 print spc(2)"a,b,c,d und h ----------------->   ⌐ 1 ⌐⇐⇐⇐↑___↓↓↓↓"
160 print spc(2)"Seitenberechnung/Zusatzdaten:"
165 print spc(2)"r,Alpha,Beta,A1,A2,A3,A4 ----->   ⌐ 2 ⌐⇐⇐⇐↑___↓↓↓↓"
170 print spc(2)b$:print spc(2)"⌐ *** Kennziffer bitte eingeben! *** ⌐"
175 get z$:if z$ <"1" or z$>"2" then175
180 print "⌐":l$="":for j=1 to 37:l$=l$+"=":next:print l$
185 print"    *** Dreiecke im Thaleskreis ***":d$="Umfang Dreieck "
190 print"    Berechnung der Seiten a,b,c,d,h":print l$:s$="Seite ":g$="Grad"
195 print d$"ACH: U1 =";:input u1:print d$"BCH: U2 =";:input u2:s=u1
200 if u1<1 or u2<1 or u1>1e6 or u2>1e6 or u1/u2>50 or u2/u1>50 then305
205 if u1<u2 then s=u2
210 e=19+len(str$(int(s))):ti$="000000":x=u2/u1:y=sqr(1+x*x)
215 a(2)=u1/(1+x+y):h=a(2)*x:a(1)=a(2)*y:a(3)=h*x:a(4)=a(1)*x
220 for i=1 to 4:z=a(i):gosub290 :print s$"   "chr$(i+64)"  =";:gosub295 :next
225 z=h:gosub290 :print s$"    h  =";:gosub295:t=int(ti/.6+.5)/100
230 print"Probe a+b+h = U1 ="a(1)+a(2)+h:print"Probe c+d+h = U2 ="a(3)+a(4)+h
235 print"Rechen- u. Ausgabezeit ="t"Sekunden":if z$="1"then print l$:goto270
240 r=(a(2)+a(3))/2:z=r:gosub290 :print "Radius    r  =";:gosub295
245 w=atn(x):z=w*45/atn(1):gosub290 :print"Winkel Alpha=";:gosub295 :gosub300
250 z=90-z:gosub290 :print "Winkel Beta =";:gosub295 :gosub300
255 a(5)=a(2)*h/2:a(6)=a(3)*h/2:a(7)=r*(r*(π-2*w)-h)/2:a(8)=r*(r*2*w-h)/2
260 for i=5 to 8:z=a(i):gosub290:print"Flaeche A"chr$(i+44)"  =";:gosub295:next
265 z=a(5)+a(6)+a(7)+a(8):gosub290:print "A1+A2+A3+A4 =";:gosub295:print l$
270 print"Neue Berechnung (J/N)? ";
275 get y$:if y$<>"j" and y$<>"n" then275
280 if y$="n" then print "Nein!":print "Ende!":end
285 run125
290 a$=str$(int(z*1e3+.5)):a$=left$(a$,len(a$)-3)+"."+right$(a$,3):return
295 print tab(e-len(a$))a$"     ":return
300 print"↑"tab(e+1)g$:return
305 print "↓Unzulaessig! Neue Eingabe!":print left$(l$,26)
310 for j=1 to 5000:next:goto180
```

## Menü und Laufschrift ("Hardcopy") zu "THALES"

```
D r e i e c k e im T h a l e s  - Kreis-
Kreis-D r e i e c k e im T h a l e s -

XXXXXXXXXXXXXXXXXXXXXXXXXXXXXXXXXXXXXXXXX
X                                       X
X                                       X
X                                       X
X   ▓▓▓▓▓▓   Dreiecke im Thales-Kreis   ▓▓▓▓▓▓   X
X                                       X
X              siehe Figur 1            X
X                                       X
X                                       X
X Berechnung der Seiten:                X
X a,b,c,d und h ----------------->  | 1 |  X
X                                       X
X                                       X
X                                       X
X Seitenberechnung/Zusatzdaten:         X
X r,Alpha,Beta,A1,A2,A3,A4 ----->   | 2 |  X
X                                       X
X                                       X
X                                       X
X                                       X
X | *** Kennziffer bitte eingeben! *** |  X
X                                       X
X                                       X
X                                       X
XXXXXXXXXXXXXXXXXXXXXXXXXXXXXXXXXXXXXXXXX
```

## Beispiele zu "THALES" ("Hardcopies")

**1**
```
=====================================
   *** Dreiecke im Thaleskreis ***
     Berechnung der Seiten a,b,c,d,h
=====================================
Umfang Dreieck ACH: U1 =? 1
Umfang Dreieck BCH: U2 =? 1.73205081
Seite      a    =      .423
Seite      b    =      .211
Seite      c    =      .634
Seite      d    =      .732
Seite      h    =      .366
Probe a+b+h = U1 = 1
Probe c+d+h = U2 = 1.73205081
Rechen- u. Ausgabezeit = .23 Sekunden
Radius     r    =      .423
Winkel Alpha=  60.000 Grad
Winkel Beta =  30.000 Grad
Flaeche A1   =     . 39
Flaeche A2   =     .116
Flaeche A3   =     . 16
Flaeche A4   =     .110
A1+A2+A3+A4  =     .281
=====================================
Neue Berechnung (J/N)?
```

**2**
```
=====================================
   *** Dreiecke im Thaleskreis ***
     Berechnung der Seiten a,b,c,d,h
=====================================
Umfang Dreieck ACH: U1 =? 10
Umfang Dreieck BCH: U2 =? 100
Seite      a    =       4.774
Seite      b    =        .475
Seite      c    =      47.506
Seite      d    =      47.743
Seite      h    =       4.751
Probe a+b+h = U1 = 10
Probe c+d+h = U2 = 100
Rechen- u. Ausgabezeit = .23 Sekunden
Radius     r    =      23.991
Winkel Alpha=     84.289 Grad
Winkel Beta =      5.711 Grad
Flaeche A1   =       1.128
Flaeche A2   =     112.842
Flaeche A3   =        .379
Flaeche A4   =     789.724
A1+A2+A3+A4  =     904.073
=====================================
Neue Berechnung (J/N)?
```

```
3   ==========================================
       *** Dreiecke im Thaleskreis ***
       Berechnung der Seiten a,b,c,d,h
    ==========================================
    Umfang Dreieck ACH: U1 =? 110.25
    Umfang Dreieck BCH: U2 =? 138.65
    Seite     a  =     45.840
    Seite     b  =     28.530
    Seite     c  =     45.122
    Seite     d  =     57.648
    Seite     h  =     35.880
    Probe a+b+h = U1 = 110.25
    Probe c+d+h = U2 = 138.65
    Rechen- u. Ausgabezeit = .23 Sekunden
    Radius    r  =     36.826
    Winkel Alpha=     51.509 Grad
    Winkel Beta =     38.491 Grad
    Flaeche A1  =    511.827
    Flaeche A2  =    809.479
    Flaeche A3  =    250.401
    Flaeche A4  =    558.551
    A1+A2+A3+A4 =   2130.259
    ==========================================
    Neue Berechnung (J/N)?
```

```
4   ==========================================
       *** Dreiecke im Thaleskreis ***
       Berechnung der Seiten a,b,c,d,h
    ==========================================
    Umfang Dreieck ACH: U1 =? 100
    Umfang Dreieck BCH: U2 =? 100
    Seite     a  =     41.421
    Seite     b  =     29.289
    Seite     c  =     29.289
    Seite     d  =     41.421
    Seite     h  =     29.289
    Probe a+b+h = U1 = 100
    Probe c+d+h = U2 = 100
    Rechen- u. Ausgabezeit = .23 Sekunden
    Radius    r  =     29.289
    Winkel Alpha=     45.000 Grad
    Winkel Beta =     45.000 Grad
    Flaeche A1  =    428.932
    Flaeche A2  =    428.932
    Flaeche A3  =    244.833
    Flaeche A4  =    244.833
    A1+A2+A3+A4 =   1347.530
    ==========================================
    Neue Berechnung (J/N)?
```

## 2.3 HP-75 (BASIC) und HP-41 (UPN)

*von Ing.-grad. Hans Krissler*

Lösungsansatz

Aus der Geometrie ist bekannt: Die beiden Dreiecke ACH und BCH sind ähnlich, die Seiten stehen paarweise senkrecht aufeinander. Somit stehen entsprechende Seiten in gleichem Verhältnis wie der Gesamtumfang der beiden Dreiecke:

$$\sphericalangle \, ACH = \sphericalangle \, ABC \tag{1}$$

$$\tan(\sphericalangle ABC) = \frac{a}{d} = \frac{h}{c} = \frac{b}{h} = \frac{U1}{U2} = \frac{1}{\sqrt{3}} = \frac{\sqrt{3}}{3} \tag{2}$$

$$\text{Trigonometrie:} \quad h = a \, \cos(\sphericalangle ABC) \tag{3}$$

$$h = a \, \frac{\sqrt{3}}{2}$$

$$b = \frac{a}{2}$$

$$\text{eingesetzt in} \qquad a + b + h = 1 \tag{4}$$

$$a + \frac{\sqrt{3}}{2}a + \frac{a}{2} = 1$$

$$a = \frac{3 - \sqrt{3}}{3} \quad \approx 0,423$$

$$b = \frac{1}{2} - \frac{\sqrt{3}}{6} \quad \approx 0,211$$

$$h = \frac{\sqrt{3} - 1}{2} \quad \approx 0,366$$

$$c = \frac{3 - \sqrt{3}}{2} \quad \approx 0,634$$

$$d = \sqrt{3} - 1 \quad \approx 0,732$$

## HP-75-Programm (Allgemeine Lösung)

Die jeweils drei Paare der Umfangsverhältnisse werden in einer
"FOR-NEXT"-Schleife eingelesen. Die Data-Zeilen sind zur besseren Lesbarkeit aufgeteilt.

Das Programm benötigt mit Variablen 504 und ohne Variablen
472 Bytes.
Pro Lösungssatz beträgt die Laufzeit etwa 3,2 Sekunden.

## HP-75-Programm

```
10  ! Aufgabe 3b
20  ! Hans Krissler
30  T=TIME
40  FOR I=1 TO 3
50  READ U1,U2 ! Seitenverhaeltnis
60  DATA 10,100
70  DATA 110.25,138.65
80  DATA 100,100
90  PRINT @ PRINT I;'.'
100 PRINT 'ACH:U1=';U1;';  BCH:U2=';U2
110 BO=ATN(U1/U2)
120 A=U1/(1+SIN(BO)+COS(BO))
130 PRINT USING 200 ; 'a =',A
140 B=A*SIN(BO)
150 PRINT USING 200 ; 'b =',B
160 H=B/TAN(BO)
170 PRINT USING 200 ; 'h =',H
180 PRINT USING 200 ; 'c =',H/TAN(BO)
190 PRINT USING 200 ; 'd =',A/TAN(BO)
200 IMAGE 3a,ddd.ddd
210 NEXT I
220 PRINT @ PRINT 'Ausgabezeit';TIME-T;'Sekunden'
```

## HP-41-Programm

Die Ergebnisse lassen sich nacheinander in UPN berechnen. Es
genügen hierfür die vier Stackregister. Das Programm kommt also
mit SIZE 000 aus. Registerbedarf: 12 (entspricht 96 Bytes).

## HP-41-Programm

```
        PRP  " "          45 ARCL X             XEQ "DREI"
                          46 AVIEW          U1:
01◆LBL "DRE               47 .END.             100.000
        I"                                                  RUN
02  "U1:"                                      U2:
03 PROMPT                    XEQ "DREI"           100.000
04 ENTER↑                 U1:                                RUN
05 ENTER↑                    1.000      RU     A=41.421
06 "U2:"                              N        B=29.289
07 PROMPT                 U2:                   H=29.289
08 /                         3.000     SQR     H=29.289
09 ATAN                                 T      D=41.421
10 STO Z                               RUN
11 SIN                    A=0.423
12 LASTX                  B=0.211
13 COS                    H=0.366
14 +                      H=0.634
15 1                      D=0.732
16 +
17 1/X
18 *                         XEQ "DREI"
19 "A="                   U1:
20 ARCL X                    10.000      R
21 AVIEW                              UN
22 STO Z                  U2:
23 X<>Y                      100.000
24 SIN                                 RUN
25 *                      A=4.774
26 "B="                   B=0.475
27 ARCL X                 H=4.751
28 AVIEW                  H=47.506
29 RCL T                  D=47.743
30 TAN
31 /
32 "H="                      XEQ "DREI"
33 ARCL X                 U1:
34 AVIEW                     110.250
35 RCL T                                 RUN
36 TAN                    U2:
37 /                         138.650
38 "H="                                  RUN
39 ARCL X                 A=45.840
40 AVIEW                  B=28.530
41 X<> Z                  H=35.880
42 TAN                    H=45.122
43 /                      D=57.648
44 "D="
```

> Korrekturhinweis:
>
> In Programmzeile 38 muß es richtig heißen: "C=".
> In den Ergebnisausdrucken ist mithin das jeweils
> zweite H als C zu interpretieren.

## 2.4  Taschencomputer HP-41 (UPN)

*von Dipl.-Ing. Dietger Knaupp*


Gegeben:     U1, U2

Gesucht:     a, b, c, d, h

Bedingung:  U1 = a+ b+ h ;          U2 = c+ d+ h

Grundlagen:  $\alpha = TAN^{-1}$ (h/b)

Durch Umformungen ergibt sich für

$$COS\alpha = \sqrt{\phantom{a}}(1 / (1+ U2^2 / U1^2))$$

und          $2 \cdot R = U2/(SIN\alpha \cdot (1+ SIN\alpha +COS\alpha))$


Anwendung:   STATUS SIZE 003,     FIX 3

| Eingabe | Ausgabe |
|---|---|
| XEQ "U1/2" | U1 ↑ 2? |
| U1   ENTER↑  U2   R/S | a |
| R/S | b |
| R/S | c |
| R/S | d |
| R/S | H |


Allgemeines

Laufzeit ca. 2 Sekunden zwischen letzter Eingabe und
erster Ausgabe.

Speicherbedarf

87 Bytes Programmspeicher  (13 Register)
21 Bytes Datenspeicher     ( 3 Register)

Gerätekonfiguration

Das Programm ist wahlweise mit und ohne Drucker anwendbar.
Bei angeschlossenem und eingeschaltetem Drucker werden im
NORM-Modus der ganze Dialogablauf und das Ergebnis ausgedruckt.

Im MAN-Modus wird nur das Ergebnis ausgedruckt.

Speicherbelegung

R 00    COSα

R 01    SINα

R 02    2·R

Anweisungsliste und Beispiele

```
                 PRP ""                                    RUN
                                       U1↑2?

   01◆LBL "U1/2"                                   10,000 ENTER↑
  SF 21 "U1↑2?" PROMPT                            100,000    RUN
  STO T X↑2 X<>Y X↑2 /          a=4,774
  1 + 1/X SQRT STO 00           b=0,475
  ENTER↑ ACOS SIN     .         c=47,506
  STO 01 STO Z + 1 +            d=47,743
  * / STO 02 RCL 00 *           H=4,751
  ".a=" ARCL X AVIEW
  LASTX + "b=" ARCL X
  AVIEW RCL 02 RCL 01 *                                    RUN
  STO Y LASTX * "c="            U1↑2?
  ARCL X AVIEW X<>Y
  ".d=" ARCL X AVIEW                               110,250 ENTER↑
  RCL 00 * "H=" ARCL X                             138,650    RUN
  AVIEW END                     a=45,840
                                b=28,530
                                c=45,122
                                d=57,643
                 XEQ "U1/2"     H=35,880
  U1↑2?                                                    RUN
                                U1↑2?
              1,000 ENTER↑
              3,000    SQRT                        100,000 ENTER↑
                       RUN                                   RUN
  a=0,423                       a=41,421
  b=0,211                       b=29,289
  c=0,634                       c=29,289
  d=0,732                       d=41,421
  H=0,366                       H=29,289
```

## 2.5  Taschencomputer PC-1500 (BASIC)

*von Dipl.-Ing. Gerhard Frank*

Folgende 5 Gleichungen für die fünf unbekannten Seiten a, b, c, d und h können aufgestellt werden:

$$a + b + h = U_1 \tag{1}$$

$$c + d + h = U_2 \tag{2}$$

$$a^2 = b^2 + h^2 \tag{3}$$

$$d^2 = c^2 + h^2 \tag{4}$$

$$h^2 = c\, b \quad \text{(Höhensatz)} \tag{5}$$

(1) in (3) eingesetzt, ergibt

$$b = \frac{U_1^2 - 2\,U_1\,h}{2\,U_1 - 2\,h} \tag{6}$$

(2) in (4) eingesetzt, ergibt

$$c = \frac{U_2^2 - 2\,U_2\,h}{2\,U_2 - 2\,h} \tag{7}$$

(6) und (7) in (5) eingesetzt, ergibt

$$f(h) = h^4 - h^3(U_1 + U_2) + \frac{h}{2}(U_1\,U_2^2 + U_1^2\,U_2) - \frac{U_1^2\,U_2^2}{4} \tag{8}$$

Mit folgenden Substitutionen erhält man

$$W = U_1 + U_2\,; \qquad X = \frac{U_1\,U_2^2 + U_1^2\,U_2}{2}\,; \qquad Y = \frac{U_1^2\,U_2^2}{4}$$

$$f(h) = h^4 - W\,h^3 + X\,h - Y$$

Die Funktion (8) hat 4 Nullstellen, von denen nur eine Nullstelle für die Aufgabenstellung verwendbar ist, denn zwei Seiten
eines Dreiecks sind immer größer als die dritte Seite. Wenn z.B.

$$U_1 = a + b + h \; ,$$

dann ist

$$h < U_1/2 \; . \tag{9}$$

Die Nullstellen h können mit dem Newtonschen Näherungsverfahren
berechnet werden:

$$h^{(k+1)} = h^{(k)} - \frac{h^{(k)4} - W\,h^{(k)3} + X\,h^{(k)} - Y}{4\,h^{(k)3} - 3\,W\,h^{(k)2} + X} \tag{10}$$

Bei $U_1 = 1$ und $U_2 = \sqrt{3}$ ergeben sich alle vier Höhen wie folgt:

$h_1 = -0{,}931$   (negative Höhen scheiden aus)

$h_2 = \phantom{-}0{,}366$   (entspricht Bedingung (9), denn $h < U_1/2$)

$h_3 = \phantom{-}0{,}931$   ($h_3$ und $h_4$ entsprechen nicht der Bedingung (9),

$h_4 = \phantom{-}2{,}366$    denn $h > U_1/2$ bzw. $h > U_1$ bzw. $h > U_2$)

Die verwendbare Lösung für h muß also zwischen

$$0 \leqq h \leqq U_1/2 \quad \text{bzw.} \quad 0 \leqq h \leqq U_2/2 \tag{11}$$

liegen, je nachdem ob $U_1 < U_2$ oder $U_1 > U_2$ .

Um nun einen Anfangswert $h^{(0)}$ zu finden, der in der Nähe der
Nullstelle $h^{(k+1)}$ nach der Bedingung (11) liegt, wurden Werte h
im Bereich

$$1 \leqq U_1 \leqq 10 \quad \text{und} \quad 1 \leqq U_2 \leqq 10 \tag{11a}$$

berechnet. Mit diesem Feld wurde dann folgendes zweidimensionale
Ausgleichspolynom aufgestellt, das die geforderten Anfangswerte

$h^{(0)}$ liefert, mit denen nach wenigen Iterationen von (10) die verwendbare Nullstelle $h^{(k+1)}$ gefunden wird:

$$\overline{h}(U_1, U_2) = -0{,}0923 + 0{,}1489\, U_1 + 0{,}1489\, U_2 +$$
$$+ 0{,}0293\, U_1\, U_2 - 0{,}0141\, U_1^2 - 0{,}0141\, U_2^2 \qquad (12)$$

Die Richtigkeit dieser Verfahrensweise wird dadurch bestätigt, daß
- die Probe nach (1) oder (2) "stimmen" muß und
- keine negativen Seiten auftreten.

Das BASIC-Programm ist für den Taschencomputer SHARP-PC-1500 A geschrieben. Die Anzahl der belegten Bytes ist 780, die Programmlaufzeit ab der Eingabe für $U_2$ beträgt etwa 50 Sekunden. Druckausgaben für die vorgegebenen Dreiecksumfänge $U_1$, $U_2$ sind dargestellt.

Beim Beispiel 1 mit $U_1 = 1$ und $U_2 = \sqrt{3}$ liegen die Umfänge innerhalb des Bereichs (11a). Die Druckausgaben stellen die Endergebnisse dar.
Beim Beispiel 2 liegt $U_2 = 100$ außerhalb des Bereichs (11a), so daß die Eingaben durch 10 zu dividieren und die Ausgaben mit 10 zu multiplizieren sind:

a = 4,77    b = 0,47    c = 47,5    d = 47,74    h = 4,75

Beim Beispiel 3 sind die Ausgaben mit 100 zu multiplizieren:

a = 45,8    b = 28,5    c = 45,1    d = 57,6    h = 35,8

nachdem die Eingaben entsprechend umgerechnet wurden. Beim Beispiel 4 sind Ein- und Ausgaben mit dem Faktor 10 umzurechnen:

a = 41,42    b = 29,28    c = 29,28    d = 41,42    h = 29,28

## Anweisungsliste

```
  1:REM Loesung zu
    r Aufgabe 3 de
    r Knobelecke i
    m MC-JB 1985
  2:REM (C):Gerhar
    d Frank, DDR 8
    400 Riesa, Dre
    sdener Strasse
    25
 10:"K":LPRINT "MC
    -JB 1985
      Knobelecke A
    ufg. 3":LF 1
 20:INPUT "Fehler
    e=";E
 30:INPUT "Umfang
    U1 ACH=";U:IF
    U>10PRINT "Unz
    ulaessig":GOTO
    30
 40:INPUT "Umfang
    U2 BCH=";V:IF
    V>10PRINT "Unz
    ulaessig":GOTO
    40
100:CLS :LPRINT "F
    ehler e=":
    LPRINT E
110:LPRINT "Umfang
    U1 ACH=":
    LPRINT U
120:LPRINT "Umfang
    U2 BCH=":
    LPRINT V:LF 1
130:H=-.0923+.1489
    *U+.1489*V+.02
    93*U*V-.0141*U
    *U-.0141*V*V
140:LPRINT "Anfang
    swert h=":
    LPRINT H
150:W=V+U:X=(U*V^2
    +V*U^2)/2:Y=V^
    2*U^2/4
160:Z=H^4-W*H^3+X*
    H-Y
170:N=4*H^3-3*W*H^
    2+X
180:G=H-Z/N:LPRINT
    USING "###.###
    ";"h=";G
190:IF ABS (H-G)<E
    THEN 210
200:H=G:GOTO 160
210:B=(U*U-2*U*G)/
    (2*U-2*G)
220:C=(V*V-2*V*G)/
    (2*V-2*G)
230:A=U-G-B:D=V-G-
    C:LF 1
240:LPRINT "Seite
    a=";A
250:LPRINT "Seite
    b=";B
260:LPRINT "Seite
    c=";C
270:LPRINT "Seite
    d=";D
280:LPRINT "Hoehe
    h=";G:LF 3:
    USING :GOTO 20
```

## Ergebnisausdrucke für vier Beispiele

```
MC-JB 1985                      Fehler e=
Knobelecke Aufg. 3                       0.0001
                                Umfang U1 ACH=
Fehler e=                                1.1025
         0.0001               Umfang U2 BCH=
Umfang U1 ACH=                           1.3865
              1
Umfang U2 BCH=                  Anfangswert h=
      1.732050808                   2.788563283E-01
                                h=  0.350
Anfangswert h=                  h=  0.358
      0.308851454               h=  0.358
h=  0.362
h=  0.366                       Seite a=  0.458
h=  0.366                       Seite b=  0.285
                                Seite c=  0.451
                                Seite d=  0.576
Seite a=  0.422                 Hoehe h=  0.358
Seite b=  0.211
Seite c=  0.633
Seite d=  0.732
Hoehe h=  0.366


                                Fehler e=
                                         0.0001
Fehler e=                       Umfang U1 ACH=
         0.0001                               10
Umfang U1 ACH=                  Umfang U2 BCH=
              1                               10
Umfang U2 BCH=
             10                 Anfangswert h=
                                         2.9957
Anfangswert h=                  h=  2.927
      0.4145                    h=  2.928
h=  0.474                       h=  2.928
h=  0.475
h=  0.475                       Seite a=  4.142
                                Seite b=  2.928
Seite a=  0.477                 Seite c=  2.928
Seite b=  0.047                 Seite d=  4.142
Seite c=  4.750                 Hoehe h=  2.928
Seite d=  4.774
Hoehe h=  0.475
```

## 2.6 Sharp-Rechner PC-1500 und VZ 100 von Sanyo (BASIC)

*von Dr.-Ing. Peter Fischer*

Die Aufgabe wird auf zwei verschiedenen Wegen gelöst:

1. Alle gesuchten Dreieckseiten werden analytisch ermittelt. Sie ergeben sich explizit aus den entsprechenden Gleichungen. Dazu wird ein Programm für den PC-1500 entwickelt.

2. Die gesuchten Dreieckseiten werden iterativ ermittelt. Hierbei wird nur der Satz des Pythagoras und der Satz des Thales benötigt. Das Programm ist für ein Bildschirmgerät geschrieben und auf dem VZ 100 getestet.

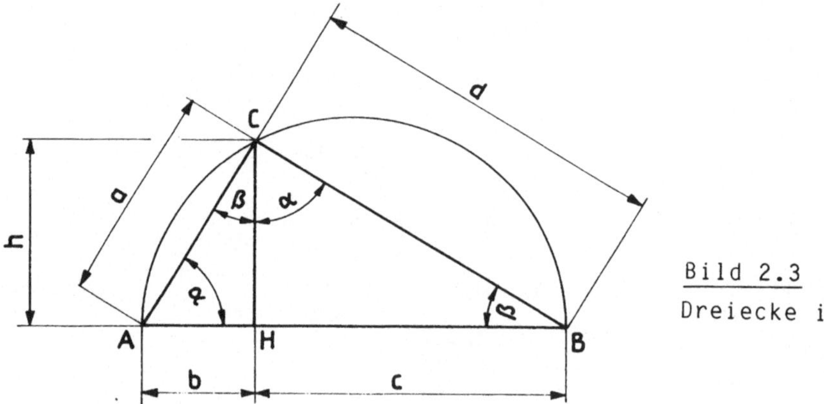


Bild 2.3

Dreiecke im Halbkreis

Analytische Lösung

Bezeichnet man nach Bild 2.3 den Winkel CAB mit α und den Winkel ABC mit β, so gilt

$$\alpha + \beta = 90° \qquad \text{bzw.} \qquad \alpha + \beta = \frac{\pi}{2} \tag{1}$$

denn das Dreieck ABC ist nach dem Satz des Thales ein rechtwinkliges Dreieck, weil seine Hypothenuse ein Durchmesser des Halbkreises ist, auf dem der Punkt C liegt. In den beiden Dreiecken ACH und BCH treten die Winkel α und β jeweils wieder am Punkt C auf. Für die einzelnen Seiten liest man aus Bild 2.3 ab:

$$a = \frac{h}{\sin\alpha} \tag{2}$$

$$b = \frac{h}{\tan\alpha} = h\,\frac{\cos\alpha}{\sin\alpha} \qquad (3)$$

$$c = h\,\tan\alpha = h\,\frac{\sin\alpha}{\cos\alpha} \qquad (4)$$

$$d = \frac{h}{\cos\alpha} \qquad (5)$$

Für den Umfang $U_1$ des Dreiecks ACH erhält man

$$U_1 = a + b + c \qquad (6)$$

Setzt man die Gl. (2) und (3) in Gl. (6) ein, dann erhält man Gl. (7), die nur noch die Unbekannten $\alpha$ und h enthält:

$$U_1 = \frac{h}{\sin\alpha} + \frac{\cos\alpha}{\sin\alpha}\,h + h \qquad (7)$$

bzw.

$$U_1 \sin\alpha = h + h\,\cos\alpha + h\,\sin\alpha \qquad (8)$$

Aus dem Umfang $U_2$ des Dreiecks BCH

$$U_2 = c + d + h \qquad (9)$$

folgt mit den Gl. (4) und (5) in gleicher Weise

$$U_2 \cos\alpha = h\,\sin\alpha + h + h\,\cos\alpha \qquad (10)$$

Da die rechten Seiten der Gl. (8) und (10) gleich sind gilt:

$$U_1 \sin\alpha = U_2 \cos\alpha \qquad (11)$$

und schließlich

$$\alpha = \arctan \frac{U_2}{U_1} \qquad (12)$$

Die Lösung nach Gl. (12) setzt voraus, daß $\sin\alpha$, $\cos\alpha$ und $\tan\alpha$ von Null verschieden sind. Eine Voraussetzung, die offensichtlich erfüllt ist, weil für die gestellte Aufgabe $\alpha = 0°$ oder $\alpha = 90°$ sinnlos wären.

Ist $\alpha$ nach Gl. (12) berechnet, so wird h aus einer der beiden
Gleichungen Gl. (8) oder (10) ermittelt:

$$h = \frac{U_1 \sin\alpha}{1 + \sin\alpha + \cos\alpha} = \frac{U_2 \cos\alpha}{1 + \sin\alpha + \cos\alpha} \tag{13}$$

Sind $\alpha$ und h nach Gl. (12) und (13) bestimmt, dann ergeben sich
die restlichen gesuchten Größen a = AC, b = AH, c = BH und
d = BC aus den Gl. (2) bis Gl. (6).
Die Aufgabe ist für beliebige Umfänge $U_1$ und $U_2$ gelöst.


## Programm für den PC-1500

Unten ist die Anweisungsliste des Programms wiedergegeben. Das
Programm ist einfach aufgebaut und hält sich streng an die Formeln der mathematischen Lösung.

Nach Eingabe der beiden Umfänge werden in den Zeilen 110 bis 160
die gesuchten Größen berechnet, einer Rundungsroutine übergeben
und anschließend ausgedruckt. Die Rundung übernimmt das Unterprogramm von Zeile 200.

Das Programm belegt 665 Bytes. Für die Rechnung wird dabei nur
die knappe Hälfte benötigt. Der andere Teil ist für Druckbefehle
und Kommentare erforderlich. Die Rechenzeit liegt zwischen 20
und 23 Sekunden. Die meiste Zeit wird für das Drucken benötigt;
die numerischen Berechnungen laufen innerhalb weniger Sekunden
ab.

Nach dem Start mit "RUN ENTER" wird der Benutzer im Display
aufgefordert, die Umfänge $U_1$ und $U_2$ einzugeben. Berechnung und
Ausdruck erfolgen dann automatisch. Anschließend erscheint in
der Anzeige "Ende J/N ?". Gibt man "N" ein, so wird die Berechnung mit der Eingabe neuer Daten wiederholt. Bei "J" ist das
Programm beendet.

Die Ausdrucke für die Beispiele sind nachfolgend zu finden.

Anweisungsliste für den PC-1500

```
10 "JB85:3.AUFG."
20 REM
30 REM      Dreieck im Halbkreis
40 REM
50 REM      DR.-ING. PETER FISCHER
60 REM      DDR-7304 ROSSWEIN
70 REM
80 INPUT "Umfang U1 = ";U1:LPRINT "U1 = ";U1
90 INPUT "Umfang U2 = ";U2:LPRINT "U2 = ";U2
100 LPRINT "Laengen:";T=DEG TIME :AL=ATN (U2/U1)
110 CH=U1*SIN AL/(1+SIN AL+COS AL):USING "#####.###"
120 RU=CH/SIN AL:GOSUB 200:LPRINT "AC = a =";RU
130 RU=CH/TAN AL:GOSUB 200:LPRINT "AH = b =";RU
140 RU=CH*TAN AL:GOSUB 200:LPRINT "BH = c =";RU
150 RU=CH/COS AL:GOSUB 200:LPRINT "BC = d =";RU
160 RU=CH:GOSUB 200:LPRINT "CH = h =";RU: GOTO 240
170 REM      *****
200 REM      Rundung auf drei Nachkommastellen
210 RU=INT (RU*1000+0.5)/1000
220 RETURN
230 REM      *****
240 USING :LPRINT "Rechenzeit:":LPRINT INT ((DEG TIME -T)*3600);
    " sec":LF 2
250 INPUT "Ende J/N ? ";A$
260 IF A$="J" GOTO 280
270  GOTO 80
280 END
```

Beispiele

| | zu a) | | 2. | |
|---|---|---|---|---|
| | U1 = 1 | | U1 = 110.25 | |
| | U2 = 1.732050808 | | U2 = 138.65 | |
| | Laengen: | | Laengen: | |
| | AC = a = | 0.423 | AC = a = | 45.840 |
| | AH = b = | 0.211 | AH = b = | 28.530 |
| | BH = c = | 0.634 | BH = c = | 45.122 |
| | BC = d = | 0.732 | BC = d = | 52.648 |
| | CH = h = | 0.366 | CH = h = | 35.880 |
| | Rechenzeit: | | Rechenzeit: | |
| | 23 sec | | 23 sec | |

| | zu b) | 1. | | 3. | |
|---|---|---|---|---|---|
| | | U1 = 10 | | U1 = 100 | |
| | | U2 = 100 | | U2 = 100 | |
| | | Laengen: | | Laengen: | |
| | | AC = a = | 4.724 | AC = a = | 41.421 |
| | | AH = b = | 0.425 | AH = b = | 29.289 |
| | | BH = c = | 42.506 | BH = c = | 29.289 |
| | | BC = d = | 42.743 | BC = d = | 41.421 |
| | | CH = h = | 4.751 | CH = h = | 29.289 |
| | | Rechenzeit: | | Rechenzeit: | |
| | | 22 sec | | 21 sec | |

## Iteration mit Pythagoras

Mit der analytischen Lösung werden die Mikrocomputer als eine
Art Formelrechner verwendet; dafür sind sie eigentlich zu scha-
de. Ihre Rechengeschwindigkeit ermöglicht, auch solche Probleme,
die analytisch zu lösen sind, durch Iterationsverfahren zu
lösen.

Nachfolgend wird für die gestellte Aufgabe ein einfaches Iterationsverfahren entwickelt und für den VZ 100 programmiert. Der
Grundgedanke wird an Hand von Bild 2.4 deutlich.

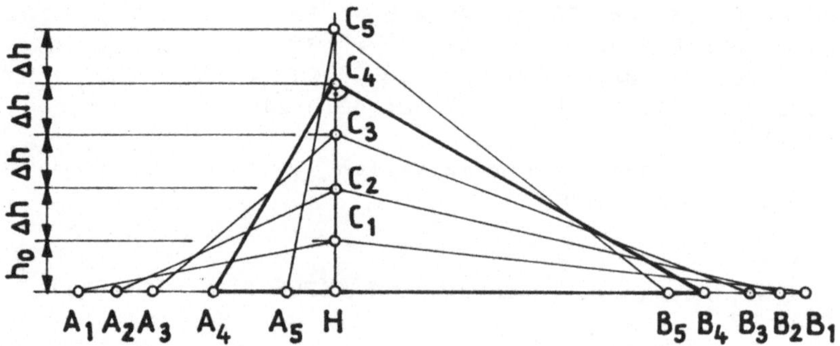


Bild 2.4   Ansatz für die Iteration

Aus den gegebenen Umfängen

$$U_1 = a + b + h \qquad \text{und} \qquad U_2 = c + d + h \tag{14}$$

lassen sich zwei rechtwinklige Dreiecke $A_i HC_i$ und $B_i HC_i$
konstruieren. Nach dem Satz des Pythagoras ist

$$a^2 = b^2 + h^2 \tag{15}$$

Daraus wird mit Gl. (14)

$$a = U_1 - (b + h) \tag{16}$$

bzw.

$$a^2 = (U_1 - (b + h))^2 \tag{17}$$

Nach einigen Umformungen erhält man daraus

$$b \;=\; \frac{U_1 \,(U_1 - 2\,h)}{2\,(U_1 - h)} \tag{18}$$

Im Dreieck $B_i H C_i$ führen analoge Überlegungen zu

$$c \;=\; \frac{U_2 \,(U_2 - 2\,h)}{2\,(U_2 - h)} \tag{19}$$

Wegen des Satzes von Thales ist von den unendlich vielen Dreiecken $A_i B_i C_i$ nur das Dreieck eine Lösung unseres Problems, für
das

$$a^2 + d^2 \;=\; (b + c)^2 \tag{20}$$

wird.

Die Differenz

$$DI \;=\; a^2 + d^2 - (b + c)^2 \tag{21}$$

ist positiv, wenn der Winkel $A_i B_i C_i$ stumpf, und negativ,
wenn der Winkel spitz ist. Bei einem rechtwinkligen Dreieck
ist diese Differenz Null.

Für die Iteration wählt man einen hinreichend kleinen Startwert
für die Höhe h, z.B. h = $U_1$/10, und eine hinreichend kleine
Anfangsschrittweite, z.B. ebenfalls $U_1$/10. Für den aktuellen
Wert von h werden die Dreiecksseiten a, b, c und d errechnet.
Solange die Differenz DI nach Gl. (21) negativ ist, wird h um
$\Delta$h erhöht. Tritt das erste Mal eine positive Differenz DI auf,
so geht man zur letzten Höhe h zurück, mit der DI noch negativ
war, verringert die Schrittweite auf $\Delta$h/10, und der Ablauf beginnt von vorn.

Der Iterationsvorgang wird abgebrochen, wenn DI oder $\Delta$h eine
vorgegebene Schranke, die mindestens um eine Zehnerpotenz kleiner als die gewünschte Genauigkeit der Lösung sein sollte, un-
terschritten hat.

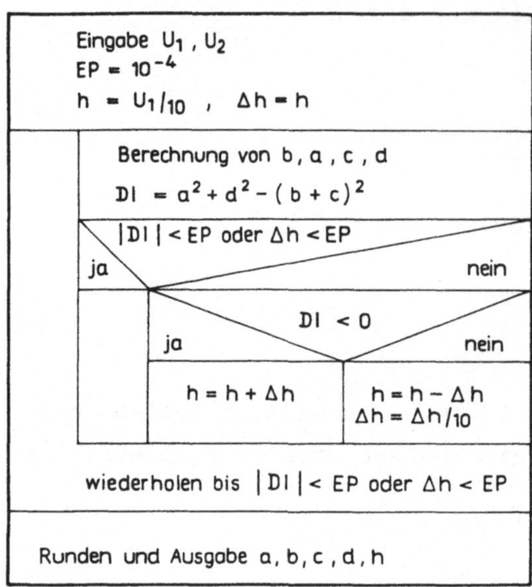


Bild 2.5   Struktogramm zum Iterationsverfahren

Aus dem Struktogramm von Bild 2.5 wird dieser Ablauf noch einmal anschaulich.

Für das Iterationsverfahren sind keine trigonometrischen Funktionen erforderlich; es ist auch nicht nötig, Gleichungssysteme zu lösen.

## Programm für den VZ 100

Die Anweisungsliste dieses Programms ist unten wiedergegeben.

Nach dem Start mit "RUN RETURN" werden $U_1$ und $U_2$ eingegeben. In Zeile 70 sind die Schranke EP $= 10^{-4}$ für die Genauigkeit, der Startwert h und die Anfangsschrittweite $\Delta h$ festgelegt.

Die Zeilen 80 bis 160 sind für die Berechnung der Seitenlängen, den Test der Differenz DI und die Änderung der Schrittweite vorgesehen. Das restliche Programm besteht aus der Dateneingabe und der Rundung der Ergebnisse. In den Ausdrucken sind die Lösungen für die Beispiele so angegeben, wie sie auf dem Bildschirm erscheinen.

Daß durch ein Iterationsverfahren die Laufzeiten des Programms nicht über Gebühr zunehmen müssen, zeigt sich auch an diesem Programm. Für eine Lösung werden 4,0 bis 8,2 Sekunden benötigt.


Anweisungsliste für den VZ 100


```
1     REM      DREIECK IM HALBKREIS
2     REM      MIT SANYO VZ 100
3     REM
4     REM      DR.-ING. PETER FISCHER
5     REM      DDR-7304 ROSSWEIN
6     REM
10    PRINT "GEBEN SIE UMFANG"
20    PRINT "U1 UND U2 EIN"
30    INPUT "U1 = ";U1
40    INPUT "U2 = ";U2
50    CLS: PRINT "UMFAENGE :"
60    PRINT "U1 = ";U1,"U2 = ";U2
70    PRINT: EP = 1E-4: H=U1/10: DH=H
80    B=U1*(U1-2*H)/2/(U1-H)
90    A=U1-B-H
100   C=U2*(U2-2*H)/2/(U2-H)
110   D=U2-C-H
120   DI=A*A+D*D-(B+C)*(B+C)
130   IF ABS(DI) < EP OR DH < EP THEN 170
140   IF DI < 0 THEN 160
150   H=H-DH: DH=DH/10:GOTO 80
160   H=H+DH:GOTO 80
170   PRINT: PRINT"LAENGEN DER DREIECKSEITEN :"
180   RU=A: GOSUB 300: PRINT"A = ";RU,
190   RU=C: GOSUB 300: PRINT"C = ";RU
200   RU=B: GOSUB 300: PRINT"B = ";RU,
210   RU=D: GOSUB 300: PRINT"D = ";RU
220   RU=H: GOSUB 300: PRINT"H = ";RU: GOTO 330
230   REM
300   REM      RUNDUNG
310   RU=INT(RU*1000+0.5)/1000
320   RETURN
330   END
```

## Bildschirminhalt bei den Beispielen

```
UMFAENGE :
U1 = 1                 U2 = 1.73205

LAENGEN DER DREIECKSEITEN :
A =  .423        C =  .634
B =  .211        D =  .732
H =  .366

Rechenzeit 4,0 sec


UMFAENGE :
U1 = 10                U2 = 100

LAENGEN DER DREIECKSEITEN :
A = 4.774        C = 47.506
B = .475         D = 47.743
H = 4.751

Rechenzeit 6,1 sec


UMFAENGE :
U1 = 110.25            U2 = 138.65

LAENGEN DER DREIECKSEITEN :
A = 45.84        C = 45.122
B = 28.53        D = 57.648
H = 35.88

Rechenzeit 6,9 sec


UMFAENGE :
U1 = 100               U2 = 100

LAENGEN DER DREIECKSEITEN :
A = 41.421       C = 29.289
B = 29.289       D = 41.421
H = 29.289

Rechenzeit 8,2 sec
```

# 3 Rollenverschiebungen für konstante Bandlängen

a) In Bild 3.1 sind relativ zu einer feststehenden Rolle
   zwei weitere Rollen rechtwinklig zueinander verschiebbar
   angeordnet. Bei gegebener Bandlänge L und gegebener Entfernung a einer Verschiebrolle von der Festrolle ist die
   Entfernung b der zweiten Verschiebrolle von der Festrolle
   so zu berechnen, daß die Länge L konstant bleibt. Die
   drei Rollen haben gleich großen Radius r.

   Gegeben: $L = 365,66$ mm; $r = 20$ mm.
   Für $a = 60$ mm; 90 mm sind die zugehörigen Längen b zu
   berechnen.

b) In Bild 3.2 ist die gleiche Aufgabe wie in Bild 3.1 zu
   lösen mit dem Unterschied, daß nunmehr 3 Rollen mit verschieden großem Radius $r_1$, $r_2$, $r_3$ zu berücksichtigen
   sind. Rolle $r_1$ ist Festrolle, Rollen $r_2$ und $r_3$ sind
   senkrecht zueinander so zu verschieben, daß bei gegebener
   Entfernung a die Entfernung b so zu berechnen ist, daß
   die Bandlänge L konstant bleibt.

   Gegeben: $L = 370$ mm; $r_1 = 30$ mm; $r_2 = 25$ mm; $r_3 = 10$ mm
   Für $a = 60$ mm; 80 mm sind die zugehörigen Längen b zu
   berechnen.

c) Allgemeine Lösung: L, $r_1$, $r_2$, $r_3$ und a sind frei wählbar.

   Alle Ergebnisse sind auf drei Nachkommastellen nach DIN 1333
   zu runden.

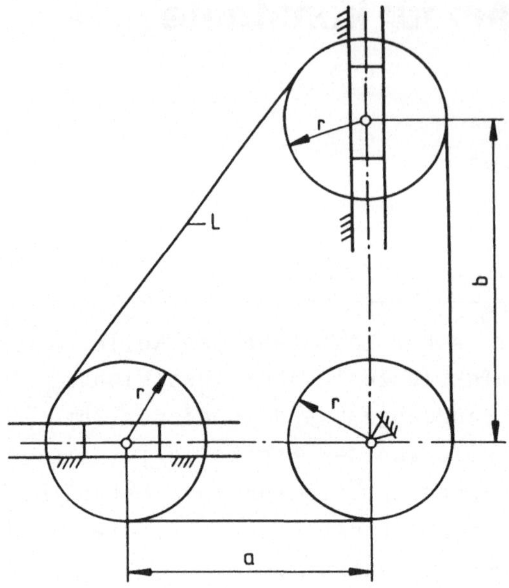

Bild 3.1: Rollen mit gleichem Durchmesser

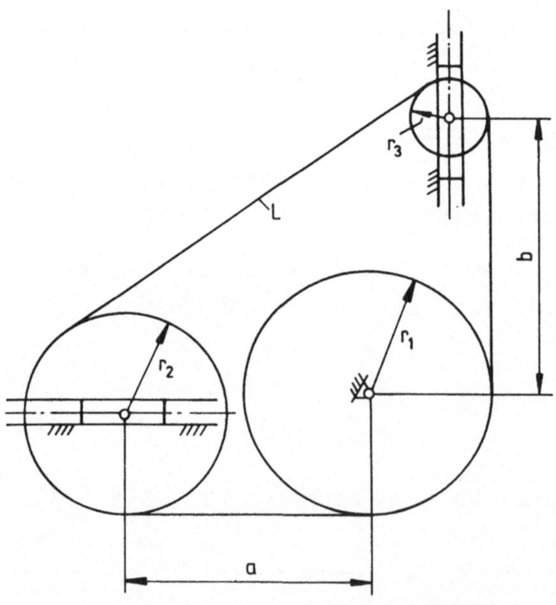

Bild 3.2: Rollen mit verschiedenen Durchmessern

## 3.1 Epson QX-10 (BASIC)

*von Dr. Arved Fuhrmann*

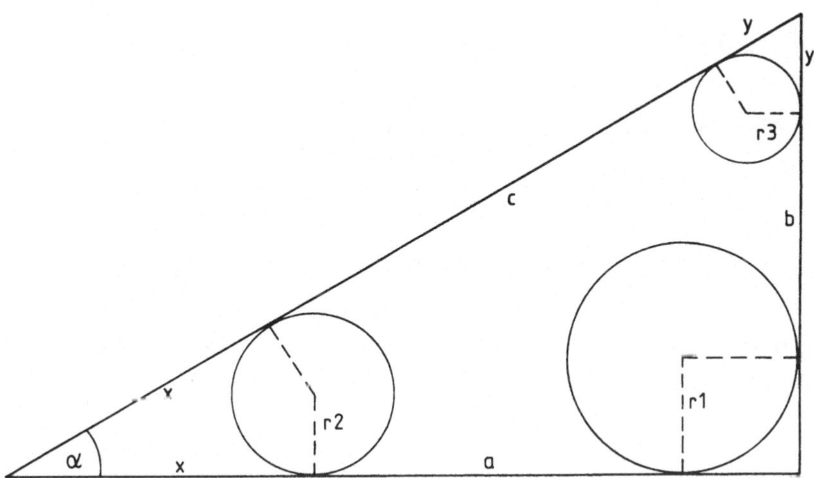


Die gegebene Bandlänge L wird zunächst außer acht gelassen. Zu
den gegebenen Werten r1, r2, r3 und a wird b mit einem beliebigen Wert (z.B. b = r1 + r3) angenommen und daraus der Winkel
al (alpha) bestimmt (zur Abkürzung wird dabei t = tan(al/2)
gesetzt):

r2/x = t        r3/y = tan(pi/4 - al/2) = (1 - t) / (1 + t)

 (r1 + b + y) / (r1 + a + x) = tan(al) = 2 · t / (1 - t^2)

Mit den beiden ersten Gleichungen eliminiert man x und y aus
der dritten Gleichung und erhält eine quadratische Gleichung
für t:

(b + r1 - r3) · t^2 + 2 · (a + r1 - r3) · t - (b + r1 + r3 - 2 · r2) = 0

Deren sinnvolle Lösung ist:

$$t = \frac{\text{sqrt } ((a+r1-r3)\verb|^|2 + (b+r1-r3) \cdot (b+r1+r3-2 \cdot r2)) - (a+r1-r3)}{(b+r1-r3)}$$

Daraus folgt:

al = 2 · arctan(t)     x = r2 / t     y = r3 · (1 + t) / (1 - t)

c = sqrt ((r1 + a + x)^2 + (r1 + b + y)^2) - x - y

Damit ergibt sich die Hilfs-Bandlänge:

H = a + b + c + pi/2 · r1 + (pi - al) · r2 + (pi/2 + al) · r3

Ist zufällig H = L, so ist b schon der gesuchte Wert. Sonst
wird b mit der Iterationsformel

b := b + 2/3 · (L - H)

verbessert und die vorangehende Rechnung wiederholt, bis H sich
hinreichend dem Wert von L nähert.

Der Lösungsweg entspricht dem praktischen Vorgehen, die obere
Rolle zunächst zu weit unten einzusetzen, und dann so lange
nach oben zu verschieben, bis das Band straff sitzt.

Der Faktor 2/3 in der Iterationsformel ergibt sich aus der Über-
legung, daß eine Verlängerung von b bei sehr kleinem Winkel al
nur eine etwas größere Verlängerung von H bewirkt, bei fast
rechtem Winkel al dagegen eine fast doppelt so große Verlängerung von H.

Das BASIC-Programm auf QX-10 für diesen Algorithmus sowie einige
Beispiel-Ausdrucke liegen bei. Die Laufzeit des Programms nach
der Eingabe von a beträgt je nach der Anzahl der erforderlichen
Iterations-Schritte etwa 6 bis 15 Sekunden.

Anweisungsliste

```
2   PI2# = 1.570796326794897#
4   INPUT "r1 = " ; R1# : LPRINT "r1 = " ; R1#
6   INPUT "r2 = " ; R2# : LPRINT "r2 = " ; R2#
8   INPUT "r3 = " ; R3# : LPRINT "r3 = " ; R3#
10  INPUT "L = "  ; L#  : LPRINT "L = "  ; L#  : LPRINT " "
12  INPUT "a = "  ; A#  : LPRINT "a = "  ; A#  : B# = R1# + R3#
14  Z1# = A# + R1# - R3# : Z2# = B# - R1# - R3#
16  Z3# = SQR(Z1#^2 + Z2# * (B# + R1# + R3# - 2 * R2#))
18  T# = (Z3# - Z1#) / Z2# : AL# = 2 * ATN(T#)
20  X# = R2# / T# : Y# = R3# * (1 - T#) / (1 + T#)
22  Z1# = R1# + A# + X# : Z2# = R1# + B# + Y#
24  C# = SQR(Z1#^2 + Z2#^2) - X# - Y#
26  H# = A# + B# + C# + (R1# + 2 * R2# + R3#) * PI2# + (R3# - R2#) * AL#
28  IF ABS(L# - H#) >= .0002 THEN B# = B# + 2 * (L# - H#) / 3 : GOTO 14 ELSE
30  B# = INT(1000 * B# + .5#) / 1000 : LPRINT "b = " ; B# : LPRINT " "
32  INPUT "Weiter (J/N) " ; D$ : IF D$ = "J" OR D$ = "j" THEN GOTO 12 ELSE END
```

Ergebnisausdrucke

```
r1 =   20          r1 =   30
r2 =   20          r2 =   25
r3 =   20          r3 =   10
L =   365.66       L =   370

a =   60           a =   60
b =   72.073       b =   65.532

a =   70           a =   70
b =   62.272       b =   53.394

a =   80           a =   80
b =   51.676       b =   40.009

a =   90
b =   40.22
```

## 3.2 Taschencomputer HP-75 (BASIC)

*von Ing.-grad. Hans Krissler*

Lösungsansatz für Teilaufgabe a

Aus der Geometrie:  $L = a + b + \sqrt{a^2 + b^2} + 2r \cdot \pi$

nach b umgestellt und geordnet:

$$b = \frac{1}{2} \left( L - 2\pi r - a\,\frac{L - 2\pi r}{L - 2\pi r - a} \right)$$

Substitution: $s = L - 2\pi r$  ergibt:

$$b = \frac{s}{2} \left( 1 - \frac{a}{s-a} \right)$$

Mit dem Einlesen der Werte für a wird das Programm durch
"FOR-NEXT"-Schleifen zweimal durchlaufen.

Das Programm belegt mit Variablen 348 und ohne Variablen
316 Bytes.

Die Rechenzeit pro Lösung beträgt etwa 0,5 Sekunden.

Für die Teilaufgaben b und c sind ebenfalls Programme angegeben,
für b auch Lösungen ermittelt worden. Rechenzeit etwa
7,1 Sekunden.

```
10 PRINT 'Aufgabe 5a' @ PRINT
20 ! Hans Krissler
30 T=TIME
40 S=365.66-40*PI
50 FOR I=1 TO 2
60 READ A(I)
70 DATA 60,90
80 B(I)=.5*S*(1-A(I)/(S-A(I)))
90 PRINT 'zugehoerige Laenge fuer a=';A(I);'ist b='; @ PRINT USING 120 ; B(I) @
PRINT
100 NEXT I
110 PRINT 'Ausgabezeit';TIME-T;'Sekunden'
120 IMAGE 3d.3d
```

Aufgabe 5a

zugehoerige Laenge fuer a= 60 ist b= 79.998

zugehoerige Laenge fuer a= 90 ist b= 47.997

Ausgabezeit 1.066 Sekunden

```
10 PRINT 'Aufgabe 5b' @ PRINT
20 ! Hans Krissler
30 T=TIME
40 READ L,R1,R2,R3
50 DATA 370,30,25,10
60 FOR I=1 TO 2
70 B,K=10
80 READ A1
90 DATA 60,80
100 B=B+K
110 A=ATN(B/(A1+45))
120 H=SQR((A1+R1-R3)^2+(B+R1-R2)^2-(R2-R3)^2)
130 HO=L-A1-PI/2*R1-B-(PI/2+A)*R3-(PI-A)*R2
140 IF HO-H>.0001 THEN 100 ! ELSE 150
150 IF ABS(H-HO)<.0001 THEN 170 ELSE B=B-K @ K=.1*K @ GOTO 100
170 PRINT 'zugehoerige Laenge fuer a=';A1;'ist b=';
180 PRINT USING 200 ; B @ PRINT
190 NEXT I
200 IMAGE 3d.3d
210 PRINT 'Ausgabezeit';TIME-T;'Sekunden'
```

```
Aufgabe 5b

zugehoerige Laenge fuer a= 60 ist b= 69.258

zugehoerige Laenge fuer a= 80 ist b= 43.521

Ausgabezeit 14.238 Sekunden
```

```
10 PRINT 'Aufgabe 5c' @ PRINT
20 ! Hans Krissler
30 T=TIME
40 INPUT 'L: ';L
50 INPUT 'r1: ';R1
60 INPUT 'r2: ';R2
70 INPUT 'r3: ';R3
80 FOR I=1 TO 2
90 B,K=10
100 INPUT 'a: ';A1
110 B=B+K
120 A=ATN(B/(A1+45))
130 H=SQR((A1+R1-R3)^2+(B+R1-R2)^2-(R2-R3)^2)
140 HO=L-A1-PI/2*R1-B-(PI/2+A)*R3-(PI-A)*R2
150 IF HO-H>.0001 THEN 110 ! ELSE 150
160 IF ABS(H-HO)<.0001 THEN 170 ELSE B=B-K @ K=.1*K @ GOTO 110
170 PRINT 'zugehoerige Laenge fuer a=';A1;'ist b=';
180 PRINT USING 200 ; B @ PRINT
190 NEXT I
200 IMAGE 3d.3d
210 PRINT 'Ausgabezeit';TIME-T;'Sekunden'
```

## 3.3 Taschencomputer HP-41 (UPN)

*von Dipl.-Ing. Dietger Knaupp*

<u>Teilaufgabe a</u>

Gegeben:    R, a, Bandlänge L          (R1 = R2= R3= R)

Gesucht:    b

Bedingung: L = a+ b+ c+ B1+ B2+ B3    (Bezeichnung analog Ziffer b)

Grundlagen: Mit    $B1 + B2 + B3 = 2 \cdot \pi \cdot R = U$

         wird          $\delta = L - a - U$

und durch Umformung          $b = (\delta^2 - a^2)\ /2\ /\delta$

Anwendung:  STATUS SIZE 006,    FIX 3

| Eingabe | Ausgabe |
|---|---|
| XEQ "L*R" | R? |
| R  R/S | L? |
| L  R/S | a? |
| a  R/S | b |

<u>Allgemeines</u>

Laufzeit:        ca. 1 Sekunde

Speicherbedarf: 55 Bytes Programmspeicher (8 Register)

                42 Bytes Datenspeicher    (6 Register)

Gerätekonfiguration wie unter b beschrieben.

<u>Anweisungsliste und Beispiele</u>

```
            PRP ""                          XEQ "L*R"
                         R?
 01+LBL "L*R"                       20,000    RUN
 SF 21  "R?"  PROMPT      L?
 STO 01  "L?"  PROMPT               365,660   RUN
 STO 04
                         a?
 09+LBL 00                          60,000    RUN
 ADV  "a?"  PROMPT        b=79,998
 STO 05  CHS  RCL 04  +
 RCL 01  2 * PI * -       a?
 STO 00  X↑2  RCL 05  X↑2            90,000    RUN
 - 2 / RCL 00 / "b="      b=47,997
 ARCL X  AVIEW  GTO 00
 END                      a?
```

## Teilaufgabe b

Gegeben:      R1, R2, R3, a, Bandlänge L

Gesucht:      b

Bedingung:    L = a+ b+ c+ B1+ B2+ B3

## Grundlagen

Lösung nach der Methode "Regula Falsi" mit zwei Anfangswerten beiderseits der Nullstelle.

Als Anfangswerte werden zwei Rechengrößen $\Delta$ = L(i) - L zugrundegelegt, die mit Schätzwerten b(i) ermittelt werden. Wenn die Voraussetzung "zwei Anfangswerte beiderseits der Nullstelle" erfüllt ist, kann der gesuchte Wert b als Näherung mit dem Algorithmus bestimmt werden.

Die Schätzwerte b werden bei Rechnungsbeginn vom Programm über einen Hilfswert k in Abhängigkeit zu a ermittelt:

b(1) =  a · 1/k ;          b(2) =  a · k↑2

Der erste Durchgang erfolgt mit k = 2. Liegen die Anfangswerte nicht beiderseits der Nullstelle, wird die Routine mit neuen Werten (k = 3, etc.) wiederholt.

Struktur:

LBL   01    Ermittelt die zwei Rechengrößen $\Delta$ (1) und $\Delta$ (2)

LBL   02/   Illinois-Algorithmus nach Standard-Programm-Sammlung
LBL   04    HP-41C (Ausgabe 8.79, p 38)

LBL   10    Berechnung des $\Delta$ -Wertes

LBL   11    Berechnet die Koordinaten der Berührungspunkte der
            äußeren Tangente c an Kreis 2 und Kreis 3

LBL   12    Berechnet die Kreisbogenlänge B(i)

## Anweisungsliste und Beispiele

```
                    PRP "L3C"


 01♦LBL "L3C"
SF 21  "R1↑2↑3?"  PROMPT
STO 03  RDN  STO 02  RDN
STO 01  "L?"  PROMPT
STO 04

 13♦LBL 00
1  STO 20  "a?"  PROMPT
STO 05  RCL 03  -
RCL 01  +  STO 11

 24♦LBL 01
ISG 20  CLD  RCL 05
RCL 20  /  STO 14
XEQ 10  STO 17  RCL 05
RCL 20  X↑2  *  STO 15
XEQ 10  STO 13  RCL 17
*  X>0?  GTO 01

 44♦LBL 02
RCL 15  RCL 15  RCL 14
-  RCL 18  RCL 17  -  /
RCL 18  *  -  XEQ 10
X=0?  GTO 05  STO 19
ABS  1 E-3  X>Y?  GTO 05
RCL 18  RCL 19  *  X>0?
GTO 04  RCL 15  STO 14
RCL 18  STO 17

 73♦LBL 03
RCL 16  STO 15  RCL 19
STO 18  GTO 02
```

```
 79♦LBL 04
2  ST/ 17  GTO 03

 83♦LBL 05
"b="  ARCL 16  AVIEW
GTO 00

 88♦LBL 10
STO 16  RCL 01  RCL 02
-  +  STO 09  STO 12
X↑2  RCL 11  STO 08  X↑2
+  RCL 02  RCL 03  -
LASTX  *  +  STO 13
RCL 03  XEQ 11  STO 07
X<>Y  STO 06  CLX
STO 08  STO 09  RCL 02
RCL 02  RCL 03  -  *
STO 13  RCL 02  XEQ 11
STO 09  X<>Y  STO 03  0
RCL 09  RCL 02  STO 00
CHS  XEQ 12  STO 10
RCL 03  STO 00  RCL 06
RCL 01  RCL 05  +
RCL 07  RCL 12  XEQ 12
RCL 10  +  RCL 01  PI  *
2  /  +  RCL 05  +
RCL 16  +  RCL 06
RCL 08  -  X↑2  RCL 07
RCL 09  -  X↑2  +  SQRT
+  RCL 04  -  RTN
```

```
169♦LBL 11
STO 10  RCL 11  RCL 12
/  STO 00  RCL 13  LASTX
/  RCL 09  RCL 08  RDN
-  *  LASTX  X↑2  R↑
X↑2  +  RCL 10  X↑2  -
X<>Y  R↑  +  RCL 00  X↑2
1  +  ST/ Z  /  ENTER↑
ENTER↑  X↑2  R↑  -  SQRT
-  ENTER↑  ENTER↑
RCL 11  *  CHS  RCL 13
+  RCL 12  /  RTN

217♦LBL 12
-  X↑2  RDN  -  X↑2  R↑
+  SQRT  RCL 00  ST+ X
/  ASIN  RCL 00  *  PI
*  90  /  END
```

```
                    XEQ "L3C"
R1↑2↑3?
        30.000 ENTER↑
        25.000 ENTER↑
        10.000   RUN
L?
       370.000   RUN
a?
        60.000   RUN
b=65.518
a?
        80.000   RUN
b=43.387
a?
```

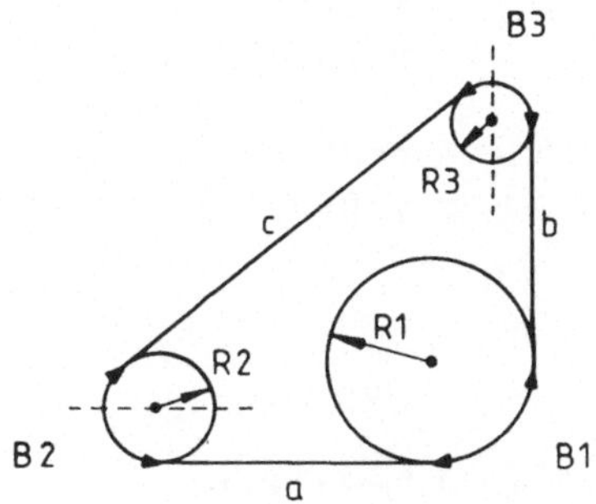

Anwendung:    STATUS SIZE 021,    FIX 3

|  | Eingabe |  |  | Ausgabe |
|---|---|---|---|---|
|  | XEQ "L3C" |  |  | R1 ↑ 2 ↑ 3? |
| R1 ENTER↑ | R2 ENTER↑ | R3 | R/S | L? |
|  |  | L | R/S | a? |
|  |  | a | R/S | b |

<u>Allgemeines</u>

Laufzeit:        ca. 80 Sekunden zwischen letzter Eingabe und
                 Ausgabe

Speicherbedarf: 307 Bytes Programmspeicher (44 Register)
                147 Bytes Datenspeicher    (21 Register)

Gerätekonfiguration:
Das Programm ist wahlweise mit und ohne Drucker anwendbar.
Bei angeschlossenem und eingeschaltetem Drucker werden im NORM-
Modus der gesamte Dialogablauf und das Ergebnis ausgedruckt.
Im MAN-Modus wird nur das Ergebnis ausgegeben.


Speicherbelegung:

R  00  A.S. (Arbeitsspeicher)

R  01  R1

R  02  R2

R  03  R3

R  04  L

R  05  a

R  06  Berührungspunkt Tangente c an Kreis 3:  X-Wert [1])
R  07                                          Y-Wert [1])

R  08  Berührungspunkt Tangente c an Kreis 2:  X-Wert [1])
R  09                                          Y-Wert [1])

R  10  A.S.

...

R  19  A.S.
                                 _______________
R  20  k                 [1]) bezogen auf Mittelpunkt Kreis 2

## 3.4  Taschencomputer PC-1500 (BASIC)

### *von Hans Martin von Staudt*

Zur Lösung dieser Aufgabe stand ein PC-1500 zur Verfügung. Das
Programm wurde in BASIC geschrieben und hat einen Umfang von
2169 Bytes. In der abgedruckten Version werden die 4-Kbyte-
Erweiterung und der Plotter CE-150 benötigt. Läßt man aber die
Druckausgabe und die Kommentare im Programm weg, so genügt
auch die Grundversion.

Die Anweisungsliste wurde mit dem "ROTATE-LIST"-Programm aus
dem Mikrocomputer-Jahrbuch '85 erstellt.

Lösungsweg

Teil a der Aufgabe läßt sich relativ einfach auch ohne Computer-
unterstützung lösen.

Wie in Bild 3.3 gezeigt, bilden die Abstände a, b, c ein rechtwinkliges Dreieck. Außerdem bilden die vom Band berührten Kreis-
segmente genau einen vollständigen Kreis mit dem Umfang $2\pi r$.

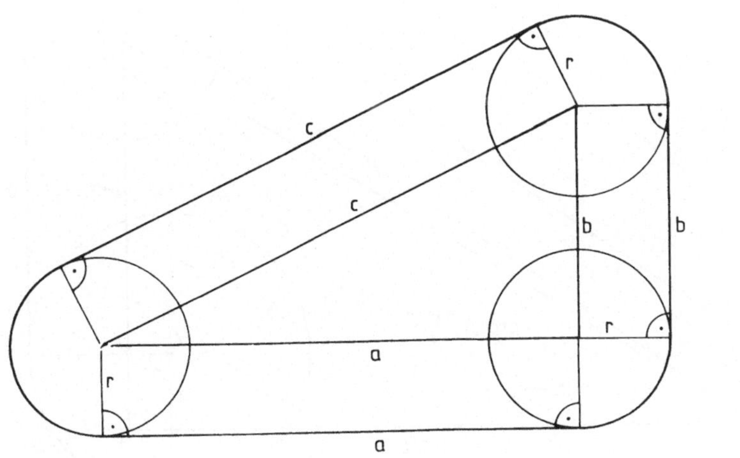


Bild 3.3

Für die Bandlänge ergibt sich daher:

$$L = 2\pi r + a + b + c$$

wobei sich c nach dem Satz des Pythagoras berechnet:

$$c = \sqrt{a^2 + b^2}$$

Durch weitere Umformungen ergibt sich:

$$\sqrt{a^2 + b^2} = L - 2\pi r - a - b$$

$$a^2 + b^2 = L^2 + 4\pi^2 r^2 + a^2 + b^2 + 2ab + 4\pi rb + 4\pi ra - 4\pi rL - 2La - 2Lb$$

$$b = \frac{L^2 - 2La + 4\pi r\,(\pi r + a - L)}{2(L - 2\pi r - a)}$$

Schwieriger gestaltet sich die Aufgabe bei unterschiedlichen
Radien. Die Länge des Bandes ergibt sich jetzt nach folgender
Formel:

$$L = a + b + c + \pi/2 \cdot r_1 + \alpha \cdot r_2 + \beta \cdot r_3 \qquad (*)$$

Um hier zu einer Lösung zu gelangen, wird in Bild 3.4 ein
rechtwinkliges Dreieck (ADB) eingezeichnet. Es wird von der
Verbindungslinie c' und je einer Parallelen zur Seite a bzw. b
gebildet. Die Längen dieser Parallelen ergeben sich als
$b + r_1 - r_2$ bzw. $a + r_1 - r_3$.

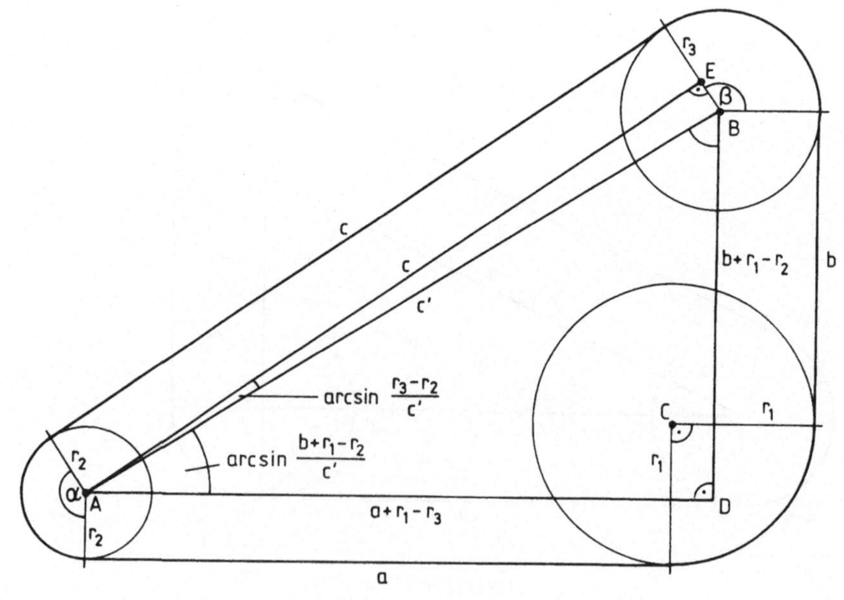


Bild 3.4

Der Satz des Pythagoras liefert dann c':

$$c' = \sqrt{(a + r_1 - r_3)^2 + (b + r_1 - r_2)^2}$$

Mit einem weiteren rechtwinkligen Dreieck (ABE) läßt sich jetzt die Länge c berechnen:

$$c = c'^2 - (r_3 - r_2)^2$$

Es müssen nun noch die Winkel Alpha und Beta ermittelt werden, wobei aufgrund geometrischer Überlegungen gilt:

$$\alpha + \beta = \frac{3}{2}\pi$$

Um Alpha zu berechnen, werden wieder die rechtwinkligen Dreiecke ADB, ABE benutzt, indem mit Hilfe der Arcussinusfunktion die beiden Winkel im Punkt A bestimmt werden:

$$\alpha = \pi - \arcsin \frac{r_3 - r_2}{c'} - \arcsin \frac{b + r_1 - r_2}{c'}$$

Da sich der Abstand b aus der Formel (*) nicht durch algebraische Umformungen isolieren läßt, wird zur Bestimmung von b ein Näherungsverfahren verwendet. Dazu wird für b ein Mindestwert vorgegeben und mit diesem die Bandlänge berechnet. Der Abstand b wird dann um die Hälfte der Differenz zwischen der vorgegebenen und der errechneten Bandlänge vergrößert, und anschließend wird wiederum die Bandlänge berechnet usw. Dieses Vorgehen endet, wenn die Differenz unter eine Genauigkeitsgrenze abgesunken ist.

Bei der Bestimmung des Mindeswertes für b erhebt sich die Frage, wie nah zwei Rollen unterschiedlichen Durchmessers auf einer Ebene rollend sich überhaupt annähern lassen. Zur Erläuterung diene Bild 3.5. Gemäß dem Satz des Pythagoras gilt hier für b:

$$b = \sqrt{(r_1 + r_3)^2 - (r_1 - r_3)^2} = 2\sqrt{r_1 r_3}$$

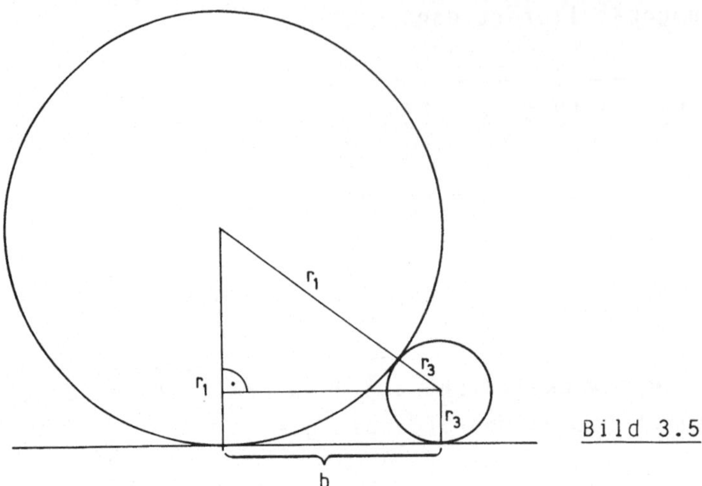


Bild 3.5

Nach diesem Kriterium wird übrigens auch der eingegebene Wert
für a überprüft. Überhaupt sind eine ganze Reihe von Prüfungen
erforderlich, um alle unmöglichen Lösungen herauszufiltern.


## Programmbeschreibung

Der Programmteil für das allgemeine Rollenproblem wird mit
DEF V gestartet, worauf die drei Rollenradien, der Abstand a
und die Bandlänge als Eingaben angefordert werden. Negative
Eingaben nimmt das Programm nicht an. Zur Bestimmung der Rechenzeit wird die eingebaute Echtzeituhr des PC-1500 benutzt, die
in Zeile 190 auf Null gesetzt wird.

In den Zeilen 200, 210 erfolgen Tests  die zeigen, ob eine
Lösung überhaupt möglich ist. Sollte bei der Überprüfung Unlös-
barkeit festgestellt werden, so wird dies durch Setzen der
Variablen U auf den Wert 1 signalisiert.

Die iterative Näherungslösung folgt darauf in den Zeilen 280
bis 350. Dabei wird bei jedem Schleifendurchlauf, um den
Benutzer zu informieren, der Iterationszähler und der Abstand b
angezeigt. Nachfolgend finden sich noch einige weitere Tests,

90

wobei Zeile 390 dazu dient, unmögliche Lösungen wie in Bild 3.6
zu unterbinden.

Die Ergebnisausgabe erfolgt wahlweise auf dem Drucker oder in
der LC-Anzeige des Rechners. Letztere Ausgabeform wählt man,
wenn die Anfrage "Druckerausgabe?" mit einer leeren Eingabe
(ENTER-Taste drücken) quittiert wird. Auch alle Ausgaben in der
Anzeige sind mit der ENTER-Taste zu quittieren.

Der Programmteil, der die Aufgabe mit drei gleichen Rollen behandelt, beginnt in Zeile 610 und wird mit DEF G gestartet.
Außer daß nur ein Rollenradius eingegeben werden muß, gleicht
dieser Programmteil in der Bedienung dem Vorhergehenden.

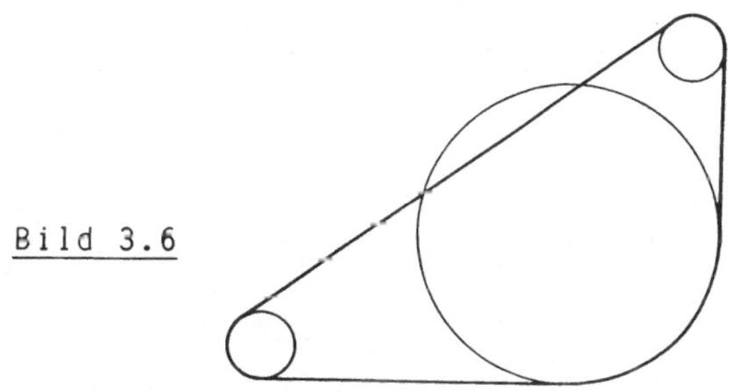

Bild 3.6

```
 10 REM     R O L L E N P R O B L E M
 20 REM
 30 REM     Hans Martin von Staudt
 40 REM     25.02.1985
 50 REM
 60 REM
 70 "U"RADIAN :USING :WAIT 0:REM Eingabe
 80 INPUT "r1 : ";R1
 90 IF R1<0 GOTO 80
100 INPUT "r2 : ";R2


110 IF R2<0 GOTO 100
120 INPUT "r3 : ";R3
130 IF R3<0 GOTO 120
140 INPUT "Bandlaenge L : ";L
150 IF L<=0 GOTO 140
160 INPUT "Abstand a : ";A
170 IF A<0 GOTO 160
180 REM Ueberpruefung der Eingabe
190 TIME =0:U=0:REM Uhr und Loesbarkeitsflag Null setzen
200 IF A<2*√(R1*R2) LET U=1
```

```
210 IF A<R2-R1 LET U=1
220 B=2*J(R1*R3):REM Mindestwert fuer b
230 IF R3-R2>B LET B=R3-R2
240 IF U GOTO "AUS"
250 DF=0:I=0:REM Iterationszaehler auf Null setzen
260 REM
270 REM Iterative Naeherungsloesung
280 I=I+1:PRINT I,B:B=B+DF/2
290 CS=J((A+R1-R3)*(A+R1-R3)+(B+R1-R2)*(B+R1-R2))
300 C=J(CS*CS-(R3-R2)*(R3-R2))


310 IF CS=0 LET U=1: GOTO "AUS"
320 AL=Π-ASN ((B+R1-R2)/CS)-ASN ((R3-R2)/CS)
330 BE=3/2*Π-AL
340 DF=L-(A+B+C+Π/2*R1+AL*R2+BE*R3)
350 IF DF>L/1E8 GOTO 280
360 REM Ueberpruefung der Ergebnisse
370 IF DF<-L/1E7 LET U=1
380 IF R2+R3>CS LET U=1
390 IF Π-AL<=(2*ATN ((R1-R2)/A)) LET U=1
400 "AUS"T=TIME *100:BEEP 2:WAIT


410 T=60*INT T+100*(T-INT T)
420 INPUT "Druckerausgabe ?";A$: GOTO 470
430 IF UPRINT "Problem unloesbar":END
440 PRINT USING "##########.###";"Abstand b :";B+.0005
450 PRINT USING ;"Rechenzeit :";T;" sec"
460 END
470 USING "#############.###":CSIZE 2:TEXT
480 LPRINT "Radius 1 :",R1+.0005
490 LPRINT "Radius 2 :",R2+.0005
500 LPRINT "Radius 3 :",R3+.0005


510 LPRINT "Bandlaenge L :",L+.0005
520 LPRINT "Abstand a :",A+.0005
530 LPRINT
540 IF ULPRINT "Problem unloesbar!": GOTO 560
550 LPRINT "Abstand b :",B+.0005
560 LPRINT :LPRINT "Rechenzeit :",STR$ T+" sec"
570 END
580 REM
590 REM
600 REM


610 "G"REM Rollenproblem mit drei gleichen Rollen
620 U=0:REM Durchdringungsflags
630 INPUT "Rollenradius : ";R
640 IF R<0 GOTO 630
650 INPUT "Abstand a : ";A
660 IF A<0 GOTO 650
670 INPUT "Bandlaenge : ";L
680 IF L<=0 GOTO 670
690 TIME =0
700 IF A<2*R LET U=1
```

```
710 IF L<2*Π*R+A+2*R+√(A*A+4*R*R) LET U=1
720 B=(L*L+4*Π*R*(Π*R+A-L)-2*L*A)/2/(L-2*Π*R-A)
730 C=√(A*A+B*B)
740 IF ABS (A+B+C+2*Π*R-L)>L/10000 LET U=1
750 IF B<2*R LET U=1
760 T=TIME *10000
770 INPUT "Druckerausgabe ?";A$: GOTO 810
780 PRINT USING "##########.###";"Abstand b :";B+.0005
790 PRINT USING ;"Rechenzeit :";T;" sec"
800 END


810 USING "#############.###":TEXT :CSIZE 2
820 LPRINT "Rollenradius r :",R+.0005
830 LPRINT "Bandlaenge L :",L+.0005
840 LPRINT "Abstand a :",A+.0005
850 LPRINT :IF ULPRINT "Problem unloesbar!": GOTO 870
860 LPRINT "Abstand b :",B+.0005
870 LPRINT USING ;"Rechenzeit :";T;" sec"
880 END
```

```
Radius 1 :              Radius 1 :              Radius 1 :
         30.000                  30.000                  1.000
Radius 2 :              Radius 2 :              Radius 2 :
         25.000                  25.000                  1.000
Radius 3 :              Radius 3 :              Radius 3 :
         10.000                  10.000                  1.000
Abstand a :             Abstand a :             Bandlaenge L :
         60.000                  80.000                  18.283
Bandlaenge L :          Bandlaenge L :          Abstand a :
        370.000                 370.000                  4.000

Abstand b :             Abstand b :             Abstand b :
         69.518                  43.307                  3.000

Rechenzeit :            Rechenzeit :            Rechenzeit :
12 sec                  15 sec                  10 sec



Rollenradius r :        Rollenradius r :
         20.000                  20.000
Bandlaenge L :          Bandlaenge L :
        365.660                 365.660
Abstand a :             Abstand a :
        600.000                  90.000

Problem unloesbar!      Abstand b :
Rechenzeit : 0 sec               47.997
                        Rechenzeit : 0 sec
```

## 3.5  Taschencomputer PC-1500 (BASIC)

*von Dr.-Ing. Peter Fischer*

In Bild 3.7 und Bild 3.8 sind zwei Rollen rechtwinklig zueinander verschiebbar, eine Rolle ist fest.
Für die gegebene Entfernung a und eine gegebene Bandlänge L
ist die Entfernung b zu berechnen, wenn

a)  die drei Rollen gleiche Radien
b)  die drei Rollen unterschiedliche Radien

haben.

Obwohl der Fall a) ein Sonderfall von b) ist und deshalb auch
mit der Lösung zu b) berechnet werden kann, wählt man für beide
Fälle unterschiedliche Lösungsmethoden. Für gleiche Radien ist
eine analytische Lösung ohne großen Aufwand möglich. Deshalb
wird hier nur die Lösungsformel programmiert. Bei unterschiedlichen Radien führt eine Iteration einfacher zum Ziel.

<u>Rollen mit gleichen Radien</u>

Aus Bild 3.7 läßt sich ablesen:

$$L = a + b + c + r \left(\frac{\pi}{2} + \alpha\right) + r \left(\frac{\pi}{2} + \beta\right) + r \frac{\pi}{2} \tag{1}$$

Wegen $\alpha + \beta = \pi/2$ wird

$$L = a + b + c + 2\pi r = l_1 + 2\pi r \tag{2}$$

Außerdem ist

$$c = \sqrt{a^2 + b^2} \tag{3}$$

Setzt man Gl. (3) in Gl. (2) ein und benutzt zur bequemen Berechnung nur die Länge l der geraden Teile, so folgt aus

$$l = a + b + c \tag{4}$$

<u>Bild 3.7</u>  Rollen mit gleichen Radien

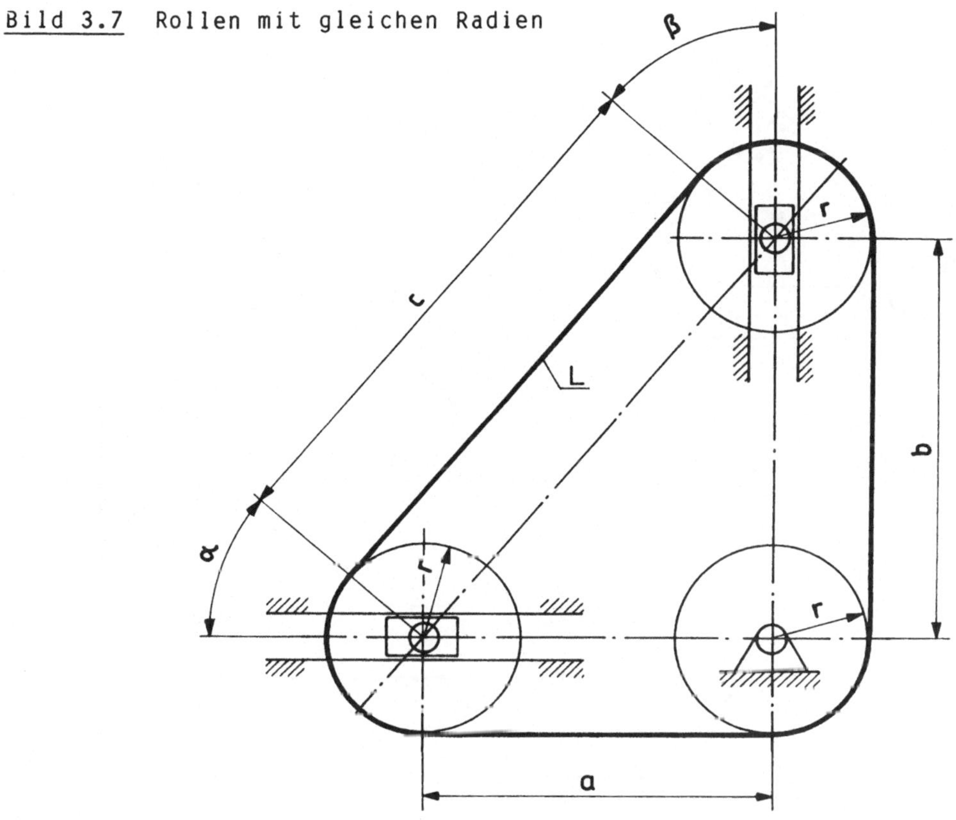



mit Gl. (3) nach einigen Umformungen der quadrierten
Gl. (4) die gesuchte Lösungsformel

$$b = \frac{l_1 \, (l_1 - 2a)}{2 \, (l_1 - a)} \qquad (5)$$

Hierbei ist

$$l_1 = L - 2\pi r \qquad (6)$$

Damit ist die Aufgabe gelöst und kann programmiert werden. Der
Ablauf ist offensichtlich. Nach Eingabe von L, r und a wird $l_1$
nach Gl. (6) und b nach Gl. (7) berechnet. Vor der Ausgabe des
Ergebnisses ist noch auf drei Nachkommastellen zu runden.

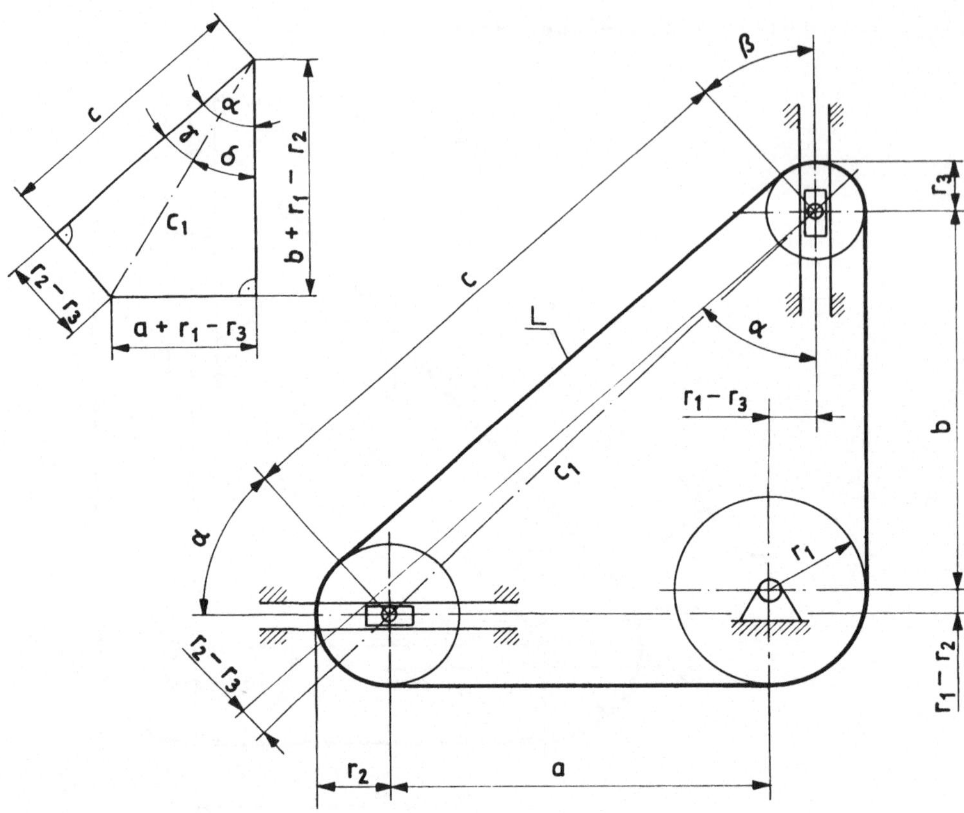



__Bild 3.8__  Rollen mit verschiedenen Radien

Die Anweisungsliste des Programmes für den PC-1500 ist unten
wiedergegeben. Die Berechnung erfolgt nur in den Zeilen 70 und
80. Nach dem Druck wird im Display

"ENDE bei a < 2 r : a = "

angezeigt. Wird ein Wert kleiner als 2 r eingegeben, z.B. der
Wert 0, dann bricht das Programm ab. Andernfalls wird die
Rechnung mit neuen Daten fortgesetzt.

Das Programm belegt 558 Bytes, wobei der überwiegende Teil
nicht für die Berechnung der Aufgabe sondern für Kommentare,
Ein- und Ausgabe, die Druckersteuerung und die Zeitmessung
benötigt werden.

## Rollen mit verschiedenen Radien

Nach Bild 3.8 ist

$$L = a + b + c + \frac{\pi}{2} (r_1 + r_2 + r_3) + \alpha r_2 + \beta r_3 \qquad (7)$$

wobei

$$\frac{\pi}{2} = \alpha + \beta \qquad\qquad \text{bzw.} \qquad \beta = \frac{\pi}{2} - \alpha \qquad (8)$$

gilt.

Hat die Verbindungslinie zwischen den Rollen mit den Radien $r_2$ und $r_3$ die Länge $c_1$, das gerade Bandstück zwischen den beiden Rollen die Länge c, dann läßt sich aus den beiden recht winkligen Dreiecken, die in Bild 3.8 zum besseren Verständnis noch einmal herausgezeichnet sind, ableiten:

$$\delta = \text{arc tan } \frac{a + r_1 - r_3}{b + r_1 - r_2} \qquad (9)$$

$$c_1 = \frac{a + r_1 - r_3}{\sin\delta} = \frac{b + r_1 - r_2}{\cos\delta} \qquad (10)$$

$$\gamma = \text{arc sin } \frac{r_2 - r_3}{c_1} \qquad (11)$$

$$c = c_1 \cos\gamma \qquad (12)$$

$$\alpha = \gamma + \delta \qquad (13)$$

Damit sind alle Beziehungen zur Berechnung von L aufgeschrieben, und L könnte berechnet werden, wenn b ebenfalls bekannt wäre. Formal ist es nur noch erforderlich, die Gl. (8) bis Gl. (12) ineinander und in Gl. (7) einzusetzen und die so gefundene Gleichung nach b aufzulösen. Das kann ein sehr langwieriger, mit mancherlei Tücken gespickter Weg sein. Wenn man dabei Pech hat, entsteht eine transzendente Gleichung für die Unbekannte b, und b kann nur durch ein Näherungsverfahren ermittelt werden.

Da bietet es sich direkt an, die gesuchte Größe b von vornherein iterativ zu bestimmen, zumal bei Aufgaben mit praktischem Bezug die erforderliche Genauigkeit ohnehin nicht übertrieben werden sollte. Es nützt nichts, z.B. eine Länge auf ein Tausendstel Millimeter zu berechnen; herstellen kann sie so genau meist keiner.

Zur iterativen Lösung wählt man für b einen Startwert, der mit Sicherheit kleiner als das zu erwartende Ergebnis ist, z.B. $b = r_1$.

Damit wird analog zu Gl. (7) eine Bandlänge $L_1$ errechnet:

$$L_1 = a + \frac{\pi}{2} (r_1 + r_2) + \pi r_3 + b + c + \alpha (r_2 - r_3) \tag{14}$$

Im Hinblick auf die Programmierung ist es zweckmäßig, den konstanten, nicht von b abhängigen Teil $L_2$ gesondert zusammenzufassen:

$$L_2 = a + \frac{\pi}{2} (r_1 + r_2 + 2r_3) \tag{15}$$

$$L_1 = L_2 + b + c + \alpha (r_2 - r_3) \tag{16}$$

Die Differenz aus der gegebenen Länge L und der errechneten Länge $L_1$ wird zunächst positiv sein. Deshalb wird b um eine beliebige Schrittweite, z.B. ebenfalls um $r_1$, erhöht und die Differenz $DI = L - L_1$ erneut berechnet. Ist sie immer noch positiv, so erhöht man b so lange, bis DI negativ ist. Danach geht man zum letzten Wert von b, bei dem DI noch positiv war, zurück und setzt das Verfahren mit einer kleineren Schrittweite fort.

Das geschieht so lange, bis die Differenz DI einen Betrag erreicht hat, der um ein oder zwei Zehnerpotenzen kleiner ist,als die letzte benötigte Nachkommastelle des Ergebnisses.

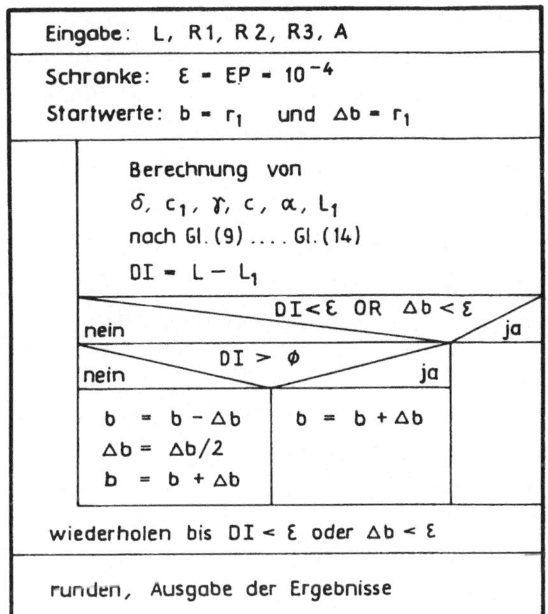


Bild 3.9   Struktogramm

Diese Lösungsmethode ist für beliebige Eingabedaten geeignet.
Weil bei der Berechnung der Winkel nur ungerade Funktionen verwendet werden, liefert sie auch dann richtige Lösungen, wenn $r_2$
kleiner als $r_3$ oder $r_1$ kleiner als $r_2$ oder $r_3$ ist.

Für Mikrocomputer ist diese Lösungsmethode genau so gut wie
eine allgemeine Lösung mit einer explizit nach b aufgelösten
Gleichung, denn der Mikrocomputer kann die Funktionen ohnehin
nur mit einer begrenzten Genauigkeit ermitteln.

In Bild 3.9 ist das Struktogramm dargestellt. Mit seiner Hilfe
kann das Programm auch für jeden anderen Computer eingerichtet
werden.

Für den PC-1500 ist unten die Anweisungsliste angegeben.
In Zeile 80 werden zwei konstante Werte Z1 und L2 berechnet.
Die Iteration erfolgt in den Zeilen 100 bis 160. Das Programm
benötigt 844 Bytes. Davon ist nur der kleinere Teil für die
Rechnung erforderlich; der meiste Speicherplatz wird für Ein-
gabe und Ergebnisausdruck verbraucht. Das Programm wird mit
"RUN ENTER" gestartet. Nach der Eingabe der gegebenen Größen
L, $r_1$, $r_2$, $r_3$ und a, zu der im Display aufgefordert wird, läuft

das Programm ab, und das Ergebnis wird ausgedruckt. Im Ergebnisausdruck ist jeweils die reine Rechenzeit ohne die Zeit für die
Eingabe und für den Ausdruck der Resultate angegeben. Je nach
Anzahl der erforderlichen Iterationsschritte benötigt der
PC-1500 zwischen 20 und 30 Sekunden für eine Lösung. Bedenkt
man, wieviel Zeit gegenüber einer analytischen Lösung, bei der
eine Gleichung für b aufgestellt werden müßte, durch das Iterationsverfahren gespart wurde, so wird deutlich, daß die Iteration bei aller Einfachheit insgesamt oft zeitsparender ist
als eine explizite Lösung.

Zusätzlich wurde noch die Lösung für gleiche Radien aller drei
Rollen angegeben. Für diesen Sonderfall liefert das Programm
selbstverständlich die gleichen Resultate, die auch schon mit
dem speziellen Programm ermittelt wurden.

## Anweisungsliste für konstante Radien

```
  1 "JB05:5.AUFG.a)"
  2 REM
  3 REM      Rollenverschiebung, r konstant
  4 REM      mit SHARP PC-1500 und CE-150
  5 REM
  6 REM      DR.-ING. PETER FISCHER
  7 REM      DDR-7304 ROSSWEIN
  8 REM
 10 LPRINT "Rollenverschiebung a)":LF 1
 20 USING "#####.###"
 30 INPUT "Bandlaenge L = ";L:LPRINT "L = ";L;" mm"
 40 INPUT "Rollenradius r = ";R:LPRINT "r = ";R;" mm"
 50 INPUT "Abstand a = ";A
 60 LF 1:LPRINT "a = ";A;" mm":T=DEG TIME
 70 L1=L-2*Π*R
 80 B=L1/2*(L1-2*A)/(L1-A):B=INT (B*1000+0.5)/1000
 90 T=3600*(DEG TIME -T)
100 LPRINT "b = ";B;" mm"
110 LPRINT "Rechenzeit:":LPRINT T;" sec"
120 INPUT "ENDE bei a < 2r : a = ";A
130 IF A>=2*R THEN 60
140 LF 2:USING
150 END
```

## Berechnungsbeispiele

### Rollenverschiebung
  a.)

```
L  =     365.660 mm
r  =      20.000 mm

a  =      60.000 mm          a  =      90.000 mm
b  =      79.998 mm          b  =      47.997 mm
Rechenzeit:                  Rechenzeit:
       0.878 sec                    0.039 sec
```

### Anweisungsliste für verschiedene Radien

```
  1 "JB85:5.AUFG.b)"
  2 REM
  3 REM      Rollenverschiebung, r verschieden
  4 REM      mit SHARP PC-1500 und CE-150
  5 REM
  6 REM      DR.-ING. PETER FISCHER
  7 REM      DDR-7304 ROSSWEIN
  8 REM
 10 LPRINT "Rollenverschiebung b)":LF 1
 20 USING "######.###":RADIAN
 30 INPUT "Bandlaenge L = ";L:LPRINT "L  = ";L;" mm"
 40 INPUT "Radius R1 = ";R1:LPRINT "R1 = ";R1;" mm"
 50 INPUT "Radius R2 = ";R2:LPRINT "R2 = ";R2;" mm"
 60 INPUT "Radius R3 = ";R3:LPRINT "R3 = ";R3;" mm"
 70 INPUT "Abstand a = ";A
 80 Z1=A+R1-R3:L2=(R1+R2+2*R3)*π/2+A:LF 1
 90 LPRINT "a  = ";A;" mm":T=DEG TIME :B=R1:DB=R1:EP=1E-4
100 Z2=B+R1-R2:DE=ATN (Z1/Z2):C1=Z1/SIN DE
110 GA=ASN ((R2-R3)/C1):C=C1*COS GA:AL=GA+DE
120 L1=L2+B+C+(R2-R3)*AL:D1=L-L1
130 IF ABS D1<EP OR DB<EP THEN 170
140 IF D1>0 THEN 160
150 B=B-DB:DB=DB/2
160 B=B+DB: GOTO 100
170 B=INT (B*1000+0.5)/1000:T=(DEG TIME -T)*3600
180 LPRINT "b  = ";B;" mm":LPRINT "Rechenzeit:":LPRINT T;" sec"
190 INPUT "ENDE bei a < R1 :  a = ";A
200 IF A>=R1 THEN 80
210 LF 2:USING
220 END
```

## Ergebnisse der Testbeispiele

```
Rollenverschiebung           Rollenverschiebung
 b)                           b)

L  =    365.660 mm           L  =    370.000 mm
R1 =     20.000 mm           R1 =     30.000 mm
R2 =     20.000 mm           R2 =     25.000 mm
R3 =     20.000 mm           R3 =     10.000 mm

a  =     60.000 mm           a  =     60.000 mm
b  =     79.998 mm           b  =     69.518 mm
Rechenzeit:                   Rechenzeit:
     27.158 sec                   27.000 sec

a  =     90.000 mm           a  =     80.000 mm
b  =     47.997 mm           b  =     43.307 mm
Rechenzeit:                   Rechenzeit:
     15.839 sec                   27.079 sec
```

## 3.6 Taschenrechner PC-1261 (BASIC)

*von Guntram Lange*

### Allgemeine Lösung

Die Bandlänge L setzt sich aus folgenden Bestandteilen zusammen (s. Bild 3.10).

$$L = a + b + c + r_1 \cdot \pi/2 + r_2 \cdot \alpha + r_3 \cdot \beta \qquad (1)$$

$\alpha$ und $\beta$ in Radian

Unbekannt sind die Größen b, c, $\alpha$ und $\beta$. Für b wird der Näherungswert BS eingesetzt (s. Schätz- und Näherungswerte für b). Zur Bestimmung der drei übrigen Unbekannten c, $\alpha$ und $\beta$ werden die folgenden Zwischenwerte C1, $\gamma$, $\delta$ und $\varepsilon$ benötigt.
C1 berechnet man mit dem Satz von Pythagoras

$$C1 = \sqrt{(a + (r1 - r3))^2 + (b + (r1 - r2))^2} . \qquad (2)$$

Die Winkel $\gamma$ und $\delta$ lassen sich aus den Kreisfunktionen und deren Umkehrungen bestimmen.

$$\tan\gamma = (a + (r1 - r2)/(b + (r1 - r3)) \tag{3}$$

bzw.

$$\gamma = \arctan ((a + (r1 - r2))/(b + (r1 - r3))) \tag{4}$$

Entsprechend ergibt sich $\delta$ aus

$$\delta = \arctan ((b + (r1 - r3))/(a + (r1 - r2))) \ . \tag{5}$$

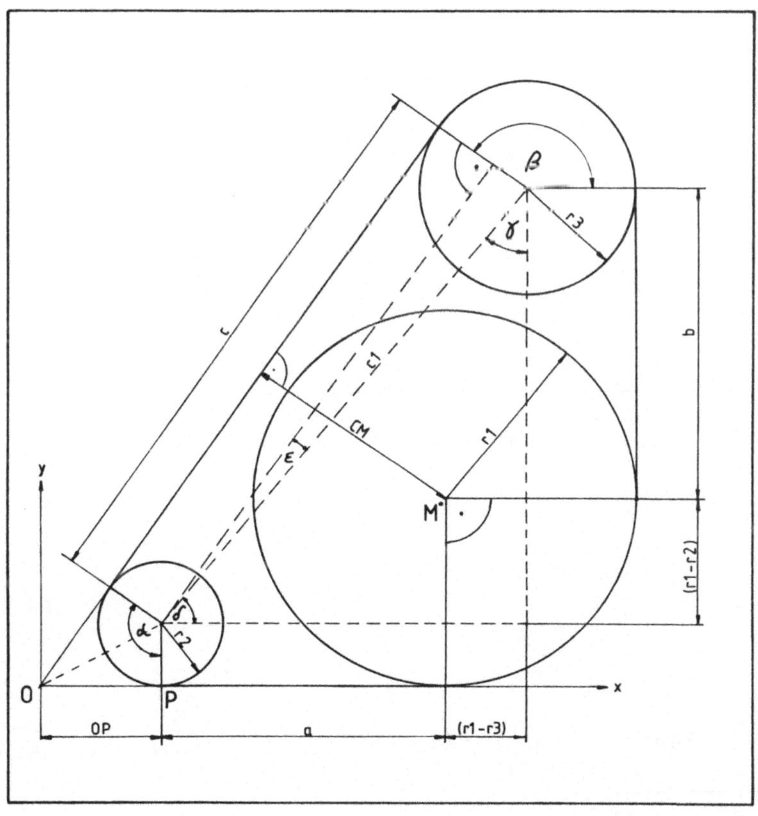


Bild 3.10   Verschieden große Rollen mit Vermaßung

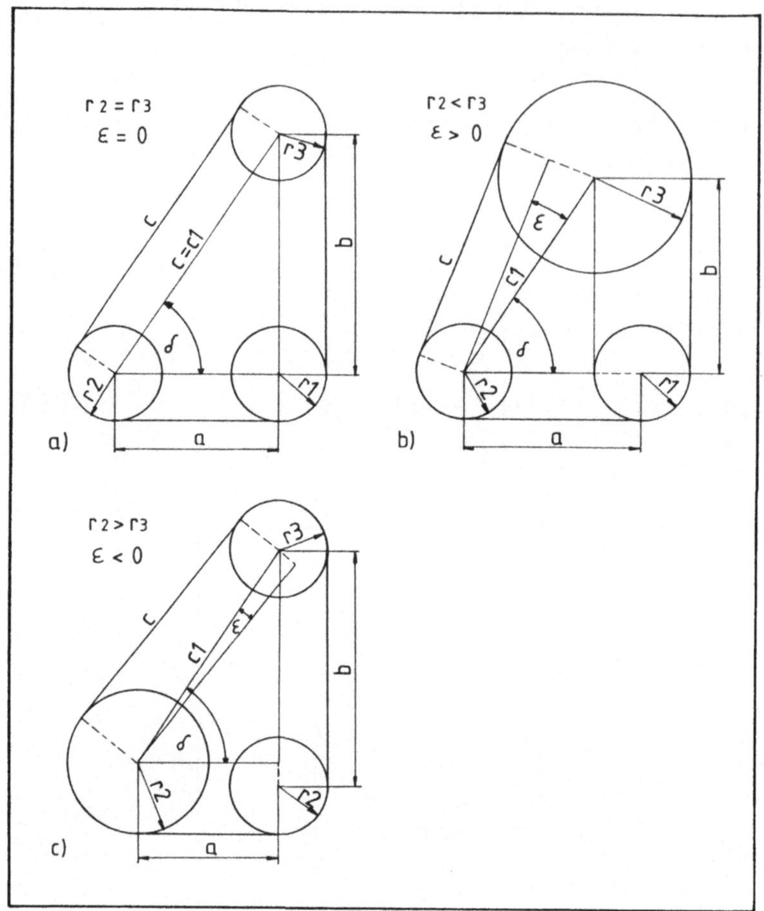


<u>Bild 3.11</u>  Mögliche Lage vom Winkel ε

Die Hilfsgröße ε wird aus

$$\varepsilon = \arctan (r_2 - r_3)/C_1 \qquad\qquad (6)$$

gewonnen.

Die gesuchten Größen c, α und β ergeben sich aus den Beziehungen

$$c = \sqrt{C_1^2 - (r_2 - r_3)^2} \qquad\qquad (7)$$

$$\alpha = \pi - \delta + \varepsilon \qquad\qquad \text{und} \qquad\qquad (8)$$

$$\beta = \pi - \gamma - \varepsilon . \qquad\qquad (9)$$

104

## Schätz- und Näherungswerte BS für b

Bei Rollen verschiedenen Durchmessers wird als erste Schätzung

$$BS = (L - a - (r1 + r2 + r3) \cdot \pi/2)/2 \qquad (10)$$

eingesetzt, wenn BMIN > a    oder

$$BS = BMIN \qquad (11)$$

wenn BS aus Gl. (10) kleiner BMIN ist.

Der erste Schätzwert bei Rollen gleichen Durchmessers für
BS wird aus Gl. (12) bzw. aus Gl. (13) gewonnen:

$$BS = L - 2 \cdot a - 2 \cdot r \cdot \pi. \qquad (12)$$

Falls BS nach Gl. (11) kleiner BMIN = 2 · r ist, gilt

$$BS = BMIN = 2 \cdot r . \qquad (13)$$

Lassen die Ausgangsdaten ein Lösung zu, so wird BS nach jedem
Iterationsschritt verbessert. Entsprechend den geometrischen
Verhältnissen erhält BS einen Anteil von

$$DI = L - LS . \qquad (14)$$

Bei gleichem Rollendurchmesser ergibt sich

$$BS = BS + DI / (1 + 1/\sin\delta) . \qquad (15)$$

Für ungleiche Durchmesser lautet die Verbesserung

$$BS = BS + DI / (1 + \cos\varepsilon/\sin\delta) . \qquad (16)$$

## Plausibilitätskontrollen

Abgesehen von der Begrenzung der Eingabedaten auf 3 Stellen
vor dem Komma durch die "USING"-Anweisung in den Zeilen 160,
330, 410 und 450 können beliebige Eingabedatensätze benutzt
werden.

Diese Eingabedaten werden auf ihre Widerspruchsfreiheit in vier Phasen geprüft.

1. Alle Eingabewerte können nur positiv sein. Dies wird durch die Anwendung der ABS-Anweisung hinter jeder Eingabe erreicht

2. Es wird geprüft, ob die Summe der Bandlängen auf den Rollen kleiner L ist. Bei gleichen Rollendurchmessern mit

$$R(0) = R \cdot 2 \cdot \pi > L \qquad (17)$$

bei unterschiedlichen Rollen mit dem Näherungswert

$$R(0) = \sum_{i=1}^{3} R_i \cdot 2 \cdot \pi/3 > L \qquad (18)$$

3. Die Summe aus dem Abstand a zwischen Rolle 1 und Rolle 2 und der Hilfsgröße R(0) muß kleiner L sein:

$$R(0) + a < L \qquad (19)$$

4. Die Zulässigkeit des Wertes von a wird durch

$$a < 2 \cdot r \qquad (20)$$

bei gleichgroßen Rollendurchmessern und durch

$$a < \sqrt{(r1 + r2)^2 - (r1 - r2)^2} \qquad (21)$$

abgefragt (s. Bild 3.12a).

Die positive Beantwortung der obigen Eingabeabfragekriterien verhindert aber nur einen Teil der nicht lösbaren Eingabedatensätze. Bei gleichen Rollendurchmessern kommen bei der weiteren Plausibilitätskontrolle die drei folgenden Fragestellungen zum Tragen:

$$BS < 0 \qquad (22)$$

$$BS < BMIN = \sqrt{(r1 + r3)^2 - (r1 - r3)^2} \qquad (23)$$

$$DAL < DI . \qquad (24)$$

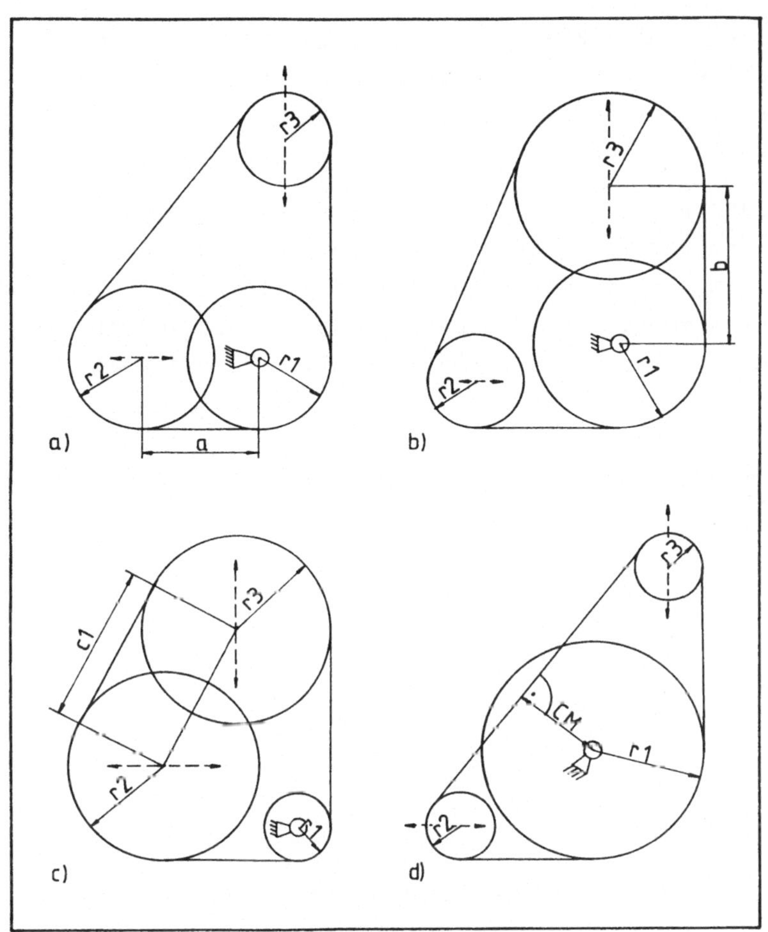

<u>Bild 3.12</u>  Nicht zulässige Geometrien

Kriterium Gl. (22) besagt: Der Schätzwert BS für b darf nie
negativ werden. Kriterium Gl. (23) überprüft, ob der Mindest-
abstand von Rolle 1 und Rolle 3 eingehalten wird (s. Bild
3.12b). Mit Gl. (24) wird der Iterationsprozeß abgebrochen,
wenn der Differenzwert |DI| = |L - LS| beim n-ten Durchlauf
größer wird als beim (n - 1)-ten.
Bei ungleichgroßen Rollendurchmessern gelangt das Kriterium

$$C1 < (r2 + r3) \tag{25}$$

zum Einsatz. Falls Gl. (25) erfüllt ist, durchdringen sich
Rolle 2 und Rolle 3. Die Eingabewerte erfüllen nicht den Sinn
der Aufgabenstellung, es stellt sich der in Bild 3.12c darge-
stellte Sachverhalt ein.

Die letzte Plausibilitätskontrolle ist nur bei ungleichen
Durchmessern erforderlich. Es wird kontrolliert, ob das Band
nicht Rolle 1 im Bereich der Hypotenuse c durchdringt (s. Bild
3.12d). Zur Bestimmung des Abstandes CM des Bandes vom Mittelpunkt M˙ von Rolle 1 werden Gl. (26) bis Gl. (29) benötigt.

$$OP = r2 \cdot \tan(\alpha/2) \tag{26}$$

Die Gradengleichung für die Hypotenuse c, die durch den Punkt 0
läuft, lautet

$$y = m \cdot x + b\ast \qquad \text{mit} \tag{27}$$

$$m = \tan(\delta + \varepsilon) \quad \text{und} \quad b\ast = 0 \; .$$

Gl. (27) wird in die Hessesche Normalform überführt:

$$y/H - m/H = 0 \qquad \text{mit} \tag{28}$$

$$H = \sqrt{1^2 + m^2}$$

Setzt man in Gl. (28) die Koordinaten eines Punktes (hier M˙)
ein, so erhält man den absoluten Abstand des Punktes von der
Graden y.

$$CM = |r1/H - m/H \cdot (OP + a)| \tag{29}$$

Ist der Abstand CM größer als r1 (Gl. (30)), so durchschneidet
das Band die Rolle 1 (s. Bild 3.12d).

$$CM > r1 \tag{30}$$


## Bedienungshinweise

Der Start des Programms erfolgt entweder mit "RUN" oder mit
"DEF", "A". Die erforderlichen Eingaben werden im Dialog abgefragt.

Nach der Eingabe von L erscheint die Frage "r1=r2=r3   J/N".
Wird J eingegeben, so braucht anschließend nur noch r einge-
tastet werden. Anderenfalls sind r1, r2 und r3 nacheinander
einzutippen.
Bei der Eingabe von a kann das Programm hängen bleiben. Ursache:
Sowohl Plausibilitätskriterium Gl. (19) als auch Gl. (20) bzw.
Gl. (21) werden von den bisherigen Eingaben verletzt.
Abhilfe: Erneuter Programmstart, Eingabe eines in sich logischen
Datensatzes.


## Technische Daten der Hardware

| | |
|---|---|
| Rechner:<br>SHARP PC-1261 | Kapazität in SHARP-BASIC 9342 Bytes<br>2-zeilige LCD-Anzeige a 24 Stellen |
| Drucker:<br>SHARP CE-125 | Thermodrucker mit 24 Stellen pro Zeile<br>und Micro-Cassettenrecorder<br>Papiervorschub: 0,8 Zeilen/s |


## Programmkenndaten

| | |
|---|---|
| Speicherbedarf: | Programm + Variable + Feld   :2676 Bytes<br>Programm netto                 :2427 Bytes |
| Rechen-<br>und Ausgabezeit: | Ausgabezeit abhängig von der Stromversorgung,<br>Netz, Akku<br>Zeitangabe der Beispiele beinhaltet Eingabe-<br>ende a bis Druckerstart bei Ausgabe |

Flußdiagramm Teil 1, Eingabe

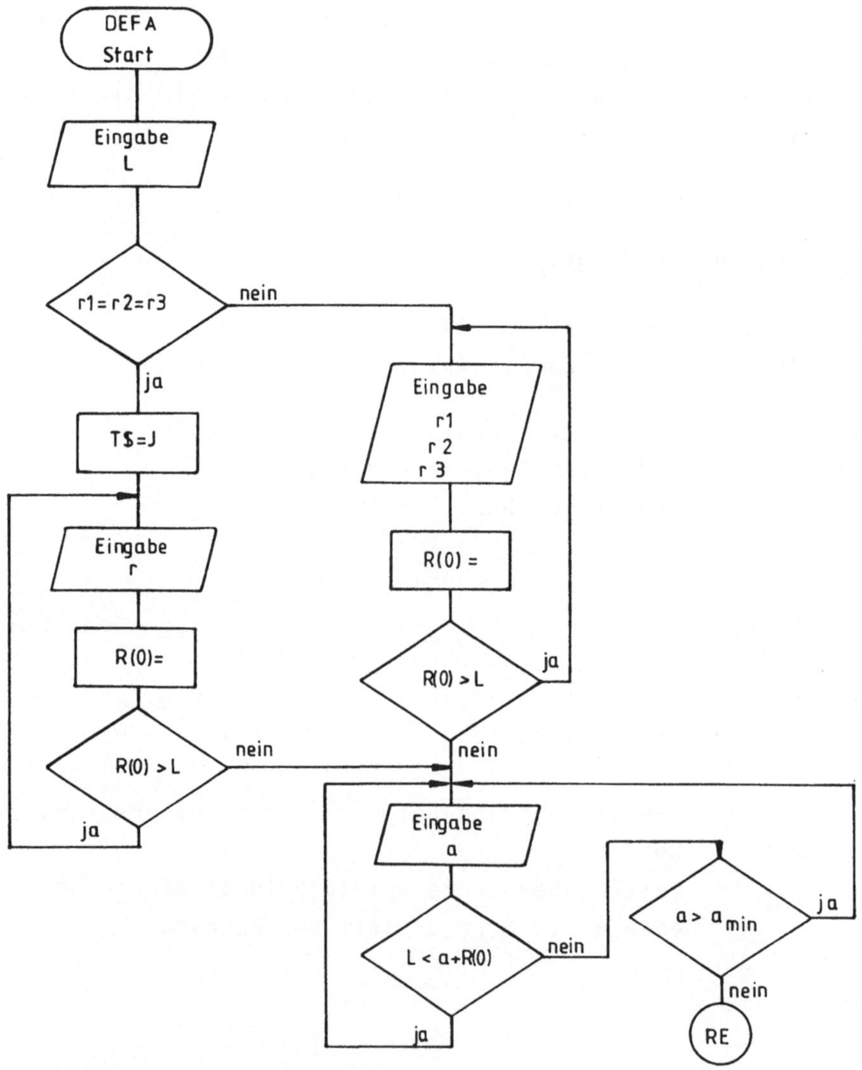

## Flußdiagramm Teil 2, Rechenkern

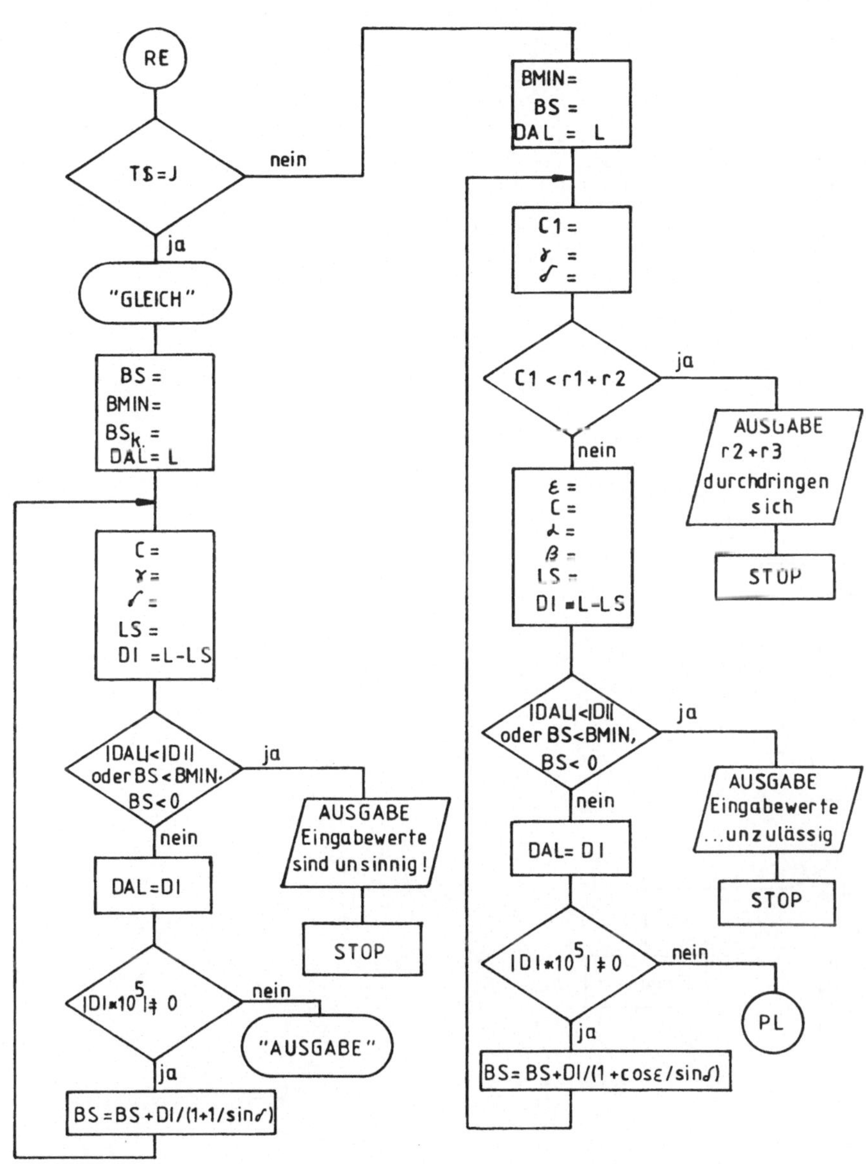

<u>Flußdiagramm</u> Teil 3     ... Ausgabe

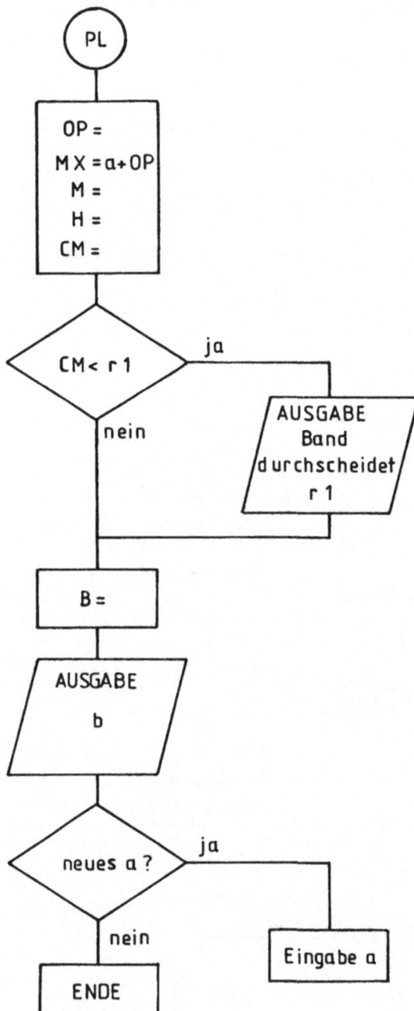

## Anweisungsliste

```
  1:REM .Knobelecke...85
    ....Aufgabe 5
  2:REM  Loesung von
    Guntram Lange auf
    SHARP PC-1261+CE125
  3:REM 24.3.1985
 90:"A": RADIAN : CLEAR
100:DIM R(3)
110:LPRINT "Rollenversch
    iebung fuer  konstan
    te Bandlaengen  ****
    ********************"
120:REM Eingaberoutine
130:LPRINT
140:INPUT "L(mm) = ";L
150:L= ABS L
160:USING "####.###"
170:LPRINT " L = ";L;" (
    mm)"
180:T$=""
190:INPUT "r1=r2=r3 ? J/
    N ",T$
200:IF T$="J" THEN "KONS
    TANT R"
210:USING :R(0)=0
220:FOR I=1 TO 3
230:WAIT 1
240:CURSOR ((I-1)*12)
250:PRINT "r"; STR$ I;"
    = "
260:CURSOR ((I-1)*12+6)
270:INPUT R(I):R(I)= ABS
    R(I)
280:PRINT R(I)
290:R(0)=R(0)+R(I)*π/3*2
300:NEXT I
310:IF R(0)>=L WAIT 72:
    PRINT "(Summe der ri
    )*π/3*2 >= L !": CLS
    : GOTO 210
320:WAIT : CLS
330:USING "####.###"
340:FOR I=1 TO 3
350:LPRINT "r"; STR$ I;"
    = ";R(I);" (mm)"
360:NEXT I
370:GOTO "EINGABE A"
375:REM ****************
380:"KONSTANT R": INPUT
    "r = ";R:R= ABS R
390:R(0)=R*2*π
400:IF R(0)>=L WAIT 90:
    PRINT "r*2*π >= L !"
    : WAIT : CLS : GOTO
    380
410:LPRINT USING "####.#
    ##";" r = ";R;" (mm)
    "
415:REM ****************
420:"EINGABE A": INPUT "
    a(mm) = ";A:A= ABS A

430:IF L<=(A+R(0)) WAIT
    90: PRINT "(Summe ri
    )*π/3*2+ a >= L !":
    WAIT : GOTO 420
440:IF A<√((R(1)+R(2))^2
    -(R(1)-R(2))^2) OR A
    <2*R WAIT 90: PRINT
    "A < r1+r2": WAIT :
    GOTO 420
450:LPRINT USING "####.#
    ##";" a = ";A;" (mm)
    ": USING
460:LPRINT
470:CLS
490:REM ****************
500:REM RECHENKERN
510:IF T$="J" THEN "GLEI
    CH"
520:REM ungleiche Durch-
    messer
530:BMIN= SQR ((R(1)+R(3
    ))^2-(R(1)-R(3))^2)
540:IF BMIN>A THEN LET B
    S=(L-A-(R(1)+R(2)+R(
    3))*π/2)/2
550:IF BS<RMIM LET DS=BM
    IN
560:DAL=L
570:C1= SQR ((A+R(1)-R(3
    ))^2+(BS+R(1)-R(2))^
    2)
580:GAMMA= ATN ((A+R(1)-
    R(2))/(BS+R(1)-R(3))
    )
590:DELTA=π/2-GAMMA
600:IF C1<(R(2)+R(3))
    LPRINT " Rolle 2 un
    d Rolle 3     durchd
    ringen sich !":
    LPRINT : STOP
610:EPSIL= ASN ((R(3)-R(
    2))/C1)
620:C=√(C1^2-(R(2)-R(3))
    ^2)
630:ALPHA=π-DELTA-EPSIL
640:BETA=π-GAMMA+EPSIL
650:REM Schaetzwert fuer
    L
660:LS=BS+A+C+R(1)*π/2+R
    (2)*ALPHA+R(3)*BETA
670:DI=L-LS
680:IF ABS DI>= ABS DAL
    OR BS<0 OR BS<BMIN
    LPRINT "Eingabewerte
    sind unzu- laessig
    !": LPRINT : STOP
690:DAL=DI
700:IF INT ( ABS DI*1E5)
    <>0 LET BS=BS+DI/(1+
    COS EPSIL/ SIN DELTA
    ): GOTO 570

710:GOTO "AUSGABE"
980:REM ***************
990:REM gleiche Durchmes
    ser
1000:"GLEICH":BS=L-2*A-
    R*2*π
1010:BMIN=2*R: IF BMIN>
    BS LET BS=BMIN
1020:REM Schaetzwert
    fuer Interations-
    kontrollparameter
1030:DAL=L
1040:C=√(BS^2+A*A)
1050:GAMMA= ATN (A/BS)
1060:DELTA=π/2-GAMMA
1070:LS=BS+A+C+2*π*R
1080:DI=L-LS
1090:IF ABS DAL<= ABS D
    I OR BS<0 OR BS<BM
    IN THEN LPRINT "Ei
    ngabewerte sind un
    sin-nig !": LPRINT
    : STOP
1100:DAL=DI
1110:IF INT ( ABS DI*1E
    5)<>0 LET BS=BS+DI
    /(1+1/ SIN DELTA):
    GOTO 1040
2000:REM **************
2010:"AUSGABE"
2020:REM Plausibilitaet
    skontrolle fuer  E
    rgebnisse bei ungl
    eichen Durchmesser
    n
2030:OP=R(2)* TAN (ALPH
    A/2)
2040:MX=A+OP
2050:M= TAN (DELTA+EPSI
    L)
2060:H= SQR (1+M*M)
2070:CM= ABS (R(1)/H-M/
    H*MX)
2080:IF CM<R(1) LPRINT
    " Band durchschne
    idet    Rolle 1!"
2090:B= INT ((BS*1000)+
    .5)/1000
2100:LPRINT USING "####
    .###";" b = ";B;"
    (mm)"
2110:LPRINT : USING
2120:S$=""
2130:INPUT "Eingabe neu
    es a ? J/N ";S$
2140:IF S$="J" THEN
    GOTO "EINGABE A"
2150:PRINT " Ende": END
```

## Ergebnisse der Testbeispiele

### AUFGABE 5

```
Rollenverschiebung fuer
  konstante Bandlaengen
**************************

    L =   365.660  (mm)
    r =    20.000  (mm)
    a =    60.000  (mm)
                          |0:15
    b =    79.998  (mm)


    a =    90.000  (mm)
                          |0:31
    b =    47.997  (mm)
```

### 5a alternativ

```
Rollenverschiebung fuer
  konstante Bandlaengen
**************************

    L =   365.660  (mm)
   r1 =    20.000  (mm)
   r2 =    20.000  (mm)
   r3 =    20.000  (mm)
    a =    60.000  (mm)
                          |0:33
    b =    79.998  (mm)


    a =    90.000  (mm)
                          |1:07
    b =    47.997  (mm)
```

### 5b

```
Rollenverschiebung fuer
  konstante Bandlaengen
**************************

    L =   370.000  (mm)
   r1 =    30.000  (mm)
   r2 =    25.000  (mm)
   r3 =    10.000  (mm)
    a =    60.000  (mm)
                          |0:44
    b =    71.324  (mm)


    a =    80.000  (mm)
                          |1:07
    b =    45.457  (mm)
```

```
Rollenverschiebung fuer
  konstante Bandlaengen
**************************

    L =   400.000  (mm)
    r =    30.000  (mm)
    a =   150.000  (mm)
                          |0:03
Eingabewerte sind unsin-
nig !

Rollenverschiebung fuer
  konstante Bandlaengen
**************************

    L =   600.000  (mm)
   r1 =    10.000  (mm)
   r2 =    90.000  (mm)
   r3 =    80.000  (mm)
    a =    75.000  (mm)
                          |0:04
   Rolle 2 und Rolle 3
   durchdringen sich !
```

```
Rollenverschiebung fuer
  konstante Bandlaengen
**************************

    L =   850.000  (mm)
   r1 =    80.000  (mm)
   r2 =    45.000  (mm)
   r3 =    50.000  (mm)
    a =   120.000  (mm)
                          |0:43
    b =   145.468  (mm)


    a =   150.000  (mm)
                          |0:09
Eingabewerte sind unzu-
laessig !

Rollenverschiebung fuer
  konstante Bandlaengen
**************************

    L =   800.000  (mm)
   r1 =    80.000  (mm)
   r2 =    10.000  (mm)
   r3 =    15.000  (mm)
    a =    80.000  (mm)
                          |0:34
   Band durchschneidet
   Rolle 1!
    b =   214.557  (mm)


    a =   120.000  (mm)
                          |0:38
   Band durchschneidet
   Rolle 1!
    b =   132.070  (mm)
```

REM  Loesung von
Guntram Lange auf
SHARP PC-1261+CE125
REM 24.3.1985

t ≙ min:s

# 4 Gelenkfünfeck-Bewegungen

*von Dr. Kurt Hain*

> In diesem Kapitel wird eine Aufgabe aus der Getriebetechnik
> gestellt. Eine ausführliche Lösungsbeschreibung ist anschlie-
> ßend abgedruckt. Dies muß natürlich nicht die einzige Mög-
> lichkeit sein. Vielleicht finden Knobler andere oder bessere
> Lösungen. Wir würden uns darüber freuen.

## 4.1 Aufgabenstellung

1. Das Gelenkfünfeck nach Bild 4.1 hat gleichlange Glieder
   $e_1 = b_1 = b_2 = e_2 = d = 50$ mm. Es befindet sich in der
   Symmetrielage mit $\gamma = 108°$ und $\psi = 72°$. Das Rad $r_1 = 30$ mm
   ist mit $e_1$ und das mit ihm kämmende Rad $r_2 = 20$ mm ist mit
   $b_2$ fest verbunden.

   Das Glied $e_1$ soll die Lagen $\gamma_1 = 120°$ und $\gamma_2 = 100°$ einnehmen, wie groß sind die zugeordneten Winkel $\psi_1$ und $\psi_2$ ?

2. Das Gelenkfünfeck nach Bild 4.2 hat dieselben Gliedlängen
   wie das Fünfeck des Bildes 4.1 und befindet sich in der
   gleichen Symmetrie-Ausgangslage. Das Rad $r_1 = 30$ mm kämmt
   mit dem Zwischenrad $r_2 = 20$ mm und dieses wiederum mit dem
   mit $e_2$ fest verbundenen Rad $r_3 = 30$ mm.

   Das Glied $e_1$ soll die Lage $\gamma_1 = 90°$ einnehmen, wie groß
   ist der zugeordnete Winkel $\psi$?

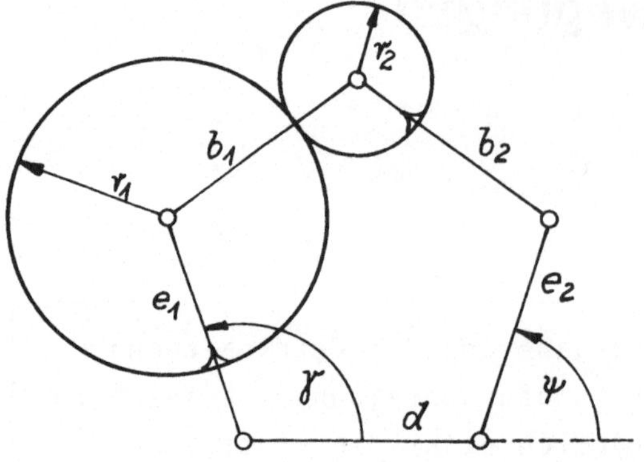

Bild 4.1

Zweiräder-Gelenkfünfeck

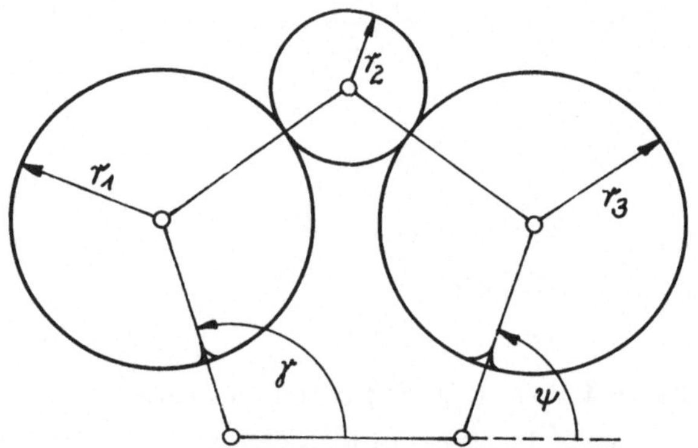

Bild 4.2

Dreiräder-Gelenkfünfeck

3. Das Gelenkfünfeck nach Bild 4.3 hat dieselben Gliedlängen
   wie das Fünfeck des Bildes 4.1 und befindet sich in der
   gleichen Symmetrie-Ausgangslage. Das Rad $r_1$ = 30 mm, mit $b_1$
   fest verbunden, steht über die Zwischenräder $r_2$ = 20 mm,
   $r_3$ = 30 mm mit dem Rad $r_4$ = 20 mm, das mit d fest verbunden
   ist, in verzahnter Verbindung.

   Wie kann für einen beliebigen Winkel γ, dargestellt an
   einem Zahlenbeispiel, der zugeordnete Winkel ψ bestimmt
   werden?

   Alle Ergebnisse sollen aus praktischen Gründen auf drei Nachkommastellen nach DIN 1333 gerundet ausgewiesen werden.

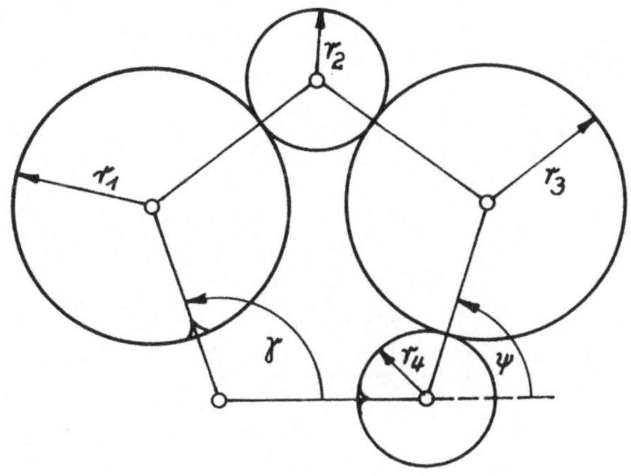



**Bild 4.3**
Vierräder-Gelenkfünfeck

## 4.2 Eine mögliche Lösung mit HP-41

*von Dr. Kurt Hain*

Rechenprogramm für Zykloiden

Bei dem hier gestellten Problem handelt es sich um Getriebe mit Teilgruppen, in denen zyklische Kurven erzeugt werden. Deshalb soll zunächst ein Unterprogramm vorgestellt werden, mit dessen Hilfe sich die Zykloidenbahnen leicht berechnen lassen. Bei Benutzung des Rechners HP-41CV kommen dessen festverdrahtete Programme R/P und P/R besonders günstig zur Geltung.

Im Bild 4.4 ist ein Umlaufrädergetriebe dargestellt mit einem beliebigen x-y-Koordinatensystem mit dem Drehpunkt $A_0$ des umlaufenden Steges b als Ursprung. Das Rad $r_1$ (die Radhalbmesser sollen gleichzeitig für die Radbezeichnungen gelten) ist feststehendes (innenverzahntes) Sonnenrad, das Rad $r_2$ ist Planetenrad. Mit der Hebellänge e ist der Punkt C (Anfangslage $C_1$) bestimmt. Für die Anfangslage müssen die Winkel $\varphi^*$ und $\beta^*$ bekannt sein, so daß sich zunächst die Koordinaten $x_{C1}$ und $y_{C1}$ berechnen lassen, vgl. Tabelle 4.1.

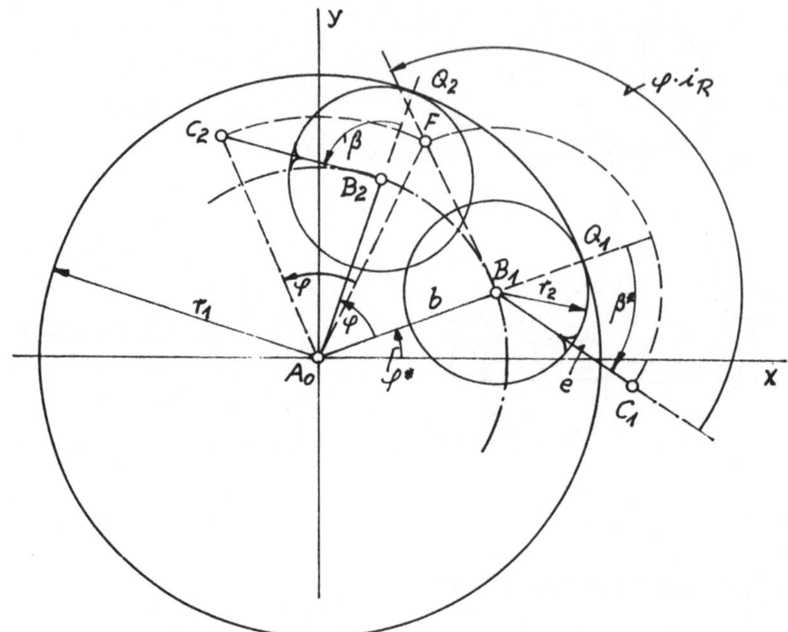



**Bild 4.4**  Zeichnerische Grundlagen zur Berechnung von Zykloiden-Bahnpunkten im einfachen Umlaufrädergetriebe

**Tabelle 4.1**  Rechenprogramm für Zykloiden-Punktlagen im Umlaufrädergetriebe

| | | | | | | |
|---|---|---|---|---|---|---|
| 01▾LBL "KH10" | | | | 23 * | | |
| 02▾LBL 01 | | | | 24 RCL 03 | | |
| 03 RCL 02 | $\varphi*$ | | | 25 + | | |
| 04 RCL 05 | b | | | 26 RCL 02 | | |
| 05 P-R | | | | 27 + | | |
| 06 STO 08 | $x_B$ | | | 28 RCL 06 | | |
| 07 X<>Y | | | | 29 P-R | | |
| 08 STO 09 | $y_B$ | | | 30 RCL 08 | | |
| 09 RCL 03 | $\beta*$ | | | 31 + | | |
| 10 RCL 02 | | | | 32 X<>Y | $x_F$ | |
| 11 + | | | | 33 RCL 09 | | |
| 12 RCL 06 | e | | | 34 + | | |
| 13 P-R | | | | 35 X<>Y | $y_F$ | |
| 14 RCL 08 | | | | 36 R-P | | |
| 15 + | | | | 37 X<>Y | | |
| 16 STO 10 | $x_{c1}$ | | | 38 RCL 01 | | |
| 17 X<>Y | | | | 39 + | | |
| 18 RCL 09 | | | | 40 X<>Y | | |
| 19 + | | | | 41 P-R | | |
| 20 STO 11 | $y_{c1}$ | | | 42 STO 13 | $x_{c2}$ | |
| 21 RCL 01 | $\varphi$ | | | 43 X<>Y | | |
| 22 RCL 07 | $i_R$ | | | 44 STO 14 | $y_{c2}$ | |
| | | | | 45 RTN | | |

Der Zahnberührungspunkt Q ($Q_1$) gilt als Relativpol der beiden
Räder, und es besteht die Vereinbarung, daß das Übersetzungsverhältnis positiv einzusetzen ist, wenn Q außerhalb der Rad-
Drehpunkte $A_0$ und B ($B_1$) liegt. Dieses Rad-Übersetzungsverhält-
nis ist dann $i_R = r_1/r_2$.

Wenn die neue Getriebelage durch den Drehwinkel $\varphi$ bestimmt werden soll, dreht man $C_1$ um $B_1$ bei feststehend gedachtem b um den
Winkel $\varphi \cdot i_R$ (wegen $i_R$ gleichsinnig mit $\varphi$) bis F, und danach
dreht man F um $A_0$ und um $\varphi$ bis zur Zweitlage $C_2$. Das Programm
nach Tabelle 4.1 läßt die viermalige Anwendung von P/R (Umwand-
lung von Polar- in Rechtwinkelkoordinaten) und einmalig von R/P
erkennen, wobei für $x_F$ und $y_F$ überhaupt keine besonderen Zwi-
schenspeicher erforderlich sind! Die in Tabelle 4.1 schwarz
angelegten Ecken kennzeichnen, wie in allen folgenden Beispie-
len, die Eingabewerte.


Das Zweiräder-Fünfeck

Nach Aufgabenstellung soll entsprechend Bild 4.5 das Fünfeck
mit den gleichlangen fünf Gliedern (50 mm) von der Symmetrielage
$A_0$ $B_1$ $C_1$ $E_1$ D in eine zweite Lage so bewegt werden, daß das
Glied $e_1$ relativ zum Glied d einen gegebenen Winkel einnimmt,
und außerdem wird nach dem "Abtriebswinkel" $\psi$, der diesem $\gamma$ als
Antriebswinkel zugeordnet ist, gefragt.

Diese Aufgabe läßt sich nicht mit geschlossenen Gleichungen lösen, vielmehr muß man versuchen, an einer bevorzugten Stelle des
Getriebes so zu beginnen, daß man die Rechnung ohne Iterationen
starten und möglichst lange fortsetzen kann. Dies gelingt z.B.
in einem Teilgetriebe mit einer Zykloidenbahn nach Bild 4.4,
wonach, Bild 4.5, die Anfangswinkel $\varphi^*$ und $\beta^*$ bekannt sind, und
bei Verdrehung von $A_0$ $B_1$ um einen Winkel $\varphi$ bis $A_0$ $B_2$ (bei feststehend gedachtem $A_0$ D = $e_1$) der Punkt $C_1$ in die dem $\varphi$-Winkel
entsprechende Lage $C_2$ gelangt.

Im Bild 4.5 ist wegen der Lage von Q zwischen den Rad-Drehpunk-
ten das Übersetzungsverhältnis mit negativem Vorzeichen einzu-

setzen: $i_R = -r_1/r_2$. Der Gang der Berechnung führt aber in jedem
Falle zum Zwang eines Iterationsverfahrens. An einigen Beispie-
len konnte der Verfasser vorführen, daß solche Iterationen mit
Hilfe des programmierbaren Rechners und entsprechender IF-Schran-
ken vollautomatisch vorgesehen werden können und auf diese Weise
das Abtasten eines alle Möglichkeiten enthaltenden Lösungsfeldes
gelingt.

Von dieser Automatisierung soll hier aber zunächst abgesehen
werden, da bestimmte Getriebelagen, z.B. Totlagen, Deck- und
Strecklagen, berücksichtigt und deren mögliches Auftreten programmiert werden müßten. Dies setzt ein Vorprogramm mit Bestimmung der "Hauptbewegungen" voraus, auf das hier aber verzichtet
werden kann, wenn die Iterationsschritte manuell vorgenommen
werden. Bei zielbewußtem Einschätzen der ausgedruckten Abwei-
chungen führt ein solches Verfahren schnell zum Ziele. Es ermöglicht in jeder Zwischenphase das Erkennen von kritischen
Getriebelagen vor allem auch, wenn zum Vergleich mit der Rechnung ein zeichnerischer Begleit-Entwurf vorliegt.

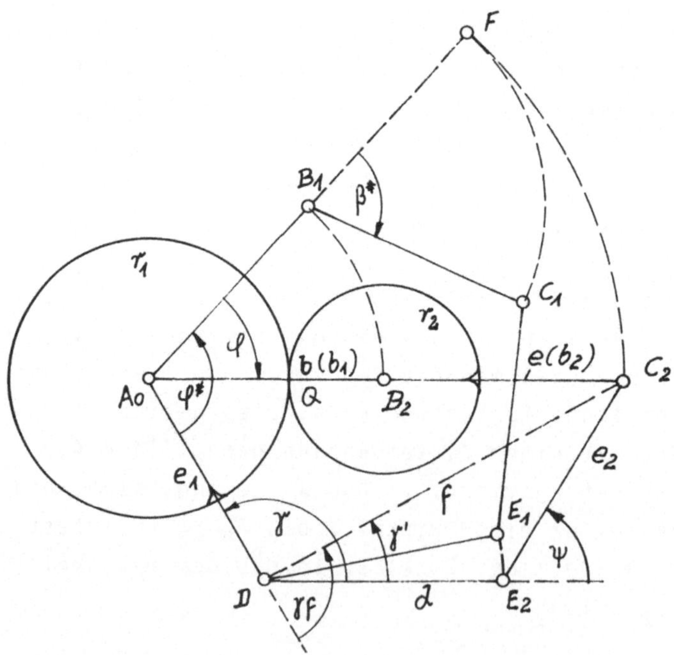


<u>Bild 4.5</u>  Zeichnerische Grundlagen zur Berechnung von Winkel-
zuordnungen im Zweiräder-Gelenkfünfeck

Zunächst werden die in Bild 4.5 eingetragenen Bezeichnungen mit
ihren Beträgen in die zugehörigen Speicher, nach Tabelle 4.2
und mit XEQ 07 erkennbar, manuell eingegeben. Eingangs-Parameter
ist hier $\Delta\varphi$ in beliebiger Größe mit beliebigen Vorzeichen. Mit
Label 03 (XEQ 03) wird damit begonnen, daß erst einmal $\varphi = 0$
gesetzt wird und mit Abruf von XEQ 02 der Winkel $\gamma$, wegen $\varphi = 0$,
für die Ausgangslage nachgerechnet wird.

Aus dem Programm-Ausdruck, Tabelle 4.3, ist ersichtlich, daß
Label 02 nach Abruf XEQ 01 den jeweiligen, von $\varphi = R_{01}$ abhängigen Winkel $\gamma$ berechnet. Vom Label 03 wird zum Label 04 weiterge-
leitet, in dem die Vorzeichen von $\gamma_{soll} - \gamma^*$ mit $\gamma_{ist} - \gamma^*$ ver-
glichen werden. Sind diese miteinander nicht gleich, so wird
nach Label 06 geführt, wo das Vorzeichen von $\Delta\varphi = R_{00}$ verändert
wird. Auf diese Weise wird die Konvergenz bei der Weiterrechnung
im Label 05, nämlich die Annäherung von $\gamma_{ist}$ an $\gamma_{soll}$, gesichert.
Vom Label 03 nach 04 und von 04 nach 05 wird dadurch automatisch
weitergeführt, daß jeweils am Ende weder R/S noch RTN angegeben
ist.

Tabelle 4.2    Eingabe- und Ergebniswerte für
               Zweiräder-Gelenkfünfeck

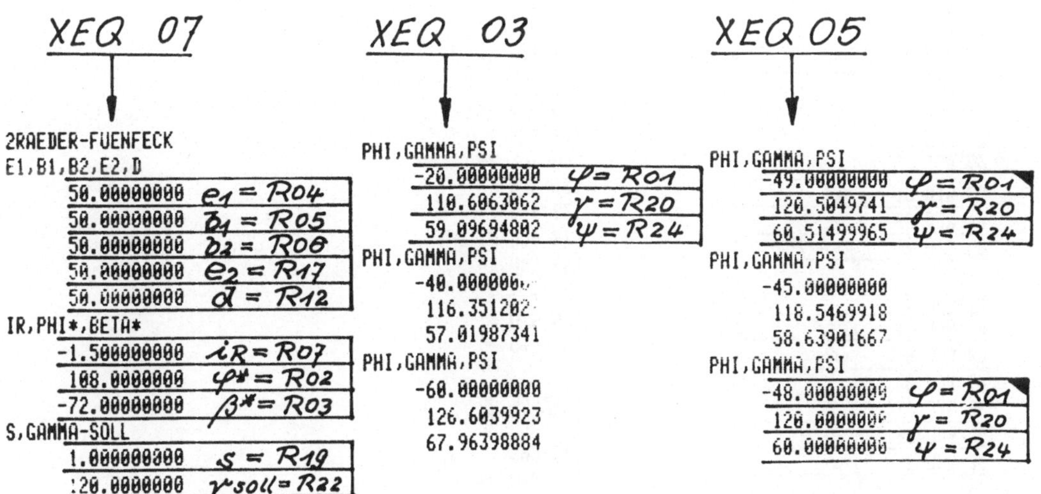

<u>Tabelle 4.3</u>  Rechenprogramme für Zweiräder-Gelenkfünfeck

46♦LBL 02
47 XEQ 01
48 RCL 14     $y_{C2}$
49 RCL 13     $x_{C2}$
50 RCL 04     $e_1$
51 -
52 R-P
53 STO 15     $f$
54 X<>Y
55 STO 16     $\gamma_f$
56 RCL 15
57 X↑2
58 RCL 12
59 X↑2
60 +
61 RCL 17
62 X↑2
63 -
64 2
65 /
66 RCL 15
67 /
68 RCL 12
69 /
70 ACOS
71 STO 18     $\gamma'$
72 180
73 RCL 16
74 -
75 RCL 19
76 RCL 18
77 *
78 +
79 STO 20     $\gamma$
80 RTN

81♦LBL 03
82 0
83 STO 01     $\varphi$
84 XEQ 02
85 STO 21     $\gamma = R21$

86♦LBL 04
87 RCL 00     $\Delta\varphi$
88 STO 01     $\varphi$
89 XEQ 02
90 STO 23
91 RCL 22     $\gamma_{soll}$
92 RCL 21     $\gamma*$
93 -

94 SIGN
95 RCL 20     $\gamma_{ist}$
96 RCL 21     $\gamma*$
97 -
98 SIGN
99 -
100 X≠0?
101 GTO 06

102♦LBL 05
103 XEQ 02
104 "PHI,GAMMA,PSI"
105 PRA
106 RCL 01
107 PRX
108 RCL 20
109 PRX
110 RCL 17
111 X↑2
112 RCL 12
113 X↑2
114 +
115 RCL 15
116 X↑2
117 -
118 2
119 /
120 RCL 17
121 /
122 RCL 12
123 /
124 CHS
125 ACOS
126 RCL 19
127 *
128 STO 24
129 PRX
130 RCL 00
131 X=0?
132 STOP
133 RCL 01
134 RCL 00
135 +
136 STO 01
137 GTO 05

138♦LBL 06
139 RCL 00
140 CHS
141 STO 00
142 GTO 04

143♦LBL 07
144 "2RAEDER-FUENFEC"
145 "⊦k"
146 PRA
147 "E1,B1,B2,E2,D"
148 PRA
149 RCL 04
150 PRX
151 RCL 05
152 PRX
153 RCL 06
154 PRX
155 RCL 17
156 PRX
157 RCL 12
158 PRX
159 "IR,PHI*,BETA*"
160 PRA
161 RCL 07
162 PRX
163 RCL 02
164 PRX
165 RCL 03
166 PRX
167 "S,GAMMA-SOLL"
168 PRA
169 RCL 19
170 PRX
171 RCL 22
172 PRX
173 ADV
174 STOP

Im Label 05 wird nun $\varphi$ um den voreingestellten Betrag $\Delta\varphi$ mit dem
im Label 06 korrigierten Vorzeichen verändert und damit im glei-
chen Label 05 konvergenzgerecht weitergerechnet. Dabei werden
nach Tabelle 4.2 mit XEQ 03 die veränderten Beträge $\varphi$, $\gamma$ und $\psi$
ausgedruckt, und man braucht nur so lange zu warten, bis der
$\gamma_{soll}$-Betrag erreicht bzw. überschritten wird, um dann manuell
mit R/S zu stoppen.

Im Label 05 wird aber jedesmal der "Abtriebswinkel" $\psi'$ berechnet. Hier muß aber darauf geachtet werden, ob der Zwischenwin-
kel $\gamma'$ als $\sphericalangle E_2DC_2$ im positiven (Gegen-) oder negativen (Uhr-
zeigersinne) auftritt. Der Zweischlag $d - e_2$ kann nämlich, und
dies ist in der Aufgabenstellung enthalten, auch auf der anderen
Seite von f liegen! Ist $\gamma'$ positiv, so wird ein Hilfswert
$s = +1 = R_{19}$ (vgl. XEQ 07, Tabelle 4.2) für die Berechnung von
$\psi = R_{24}$ als Faktor eingesetzt.

Nachdem man nun mit dem Ausdruck XEQ 03, Tabelle 4.2, festgestellt hat, daß der geforderte Betrag $\gamma = 120°$ zwischen $\varphi = -49°$
und $\varphi = -45°$ liegen muß, nähert man sich mit den $\varphi$-Eingaben
($\psi - R_{01}$) und dem Abruf XEQ 05 dem Sollwert $\gamma$ und erhält nach
dessen Erreichen auch sofort die Lösung der Aufgabe, nämlich den
zugeordneten Winkel $\psi = R_{24} = 60°$.

Für die zweite Aufgabe, nämlich für $\gamma = 100°$ den zugeordneten
Winkel $\psi$ zu finden, ergibt sich $\psi = 100°$ bei $\varphi = +32°$. Daß bei
beiden Aufgaben diese glatten Werte zustande kommen, hängt
selbstverständlich in erster Linie mit dem gleichseitigen Fünfeck zusammen. Die dabei entstehenden Gesetzmäßigkeiten sollen
hier aber nicht beachtet werden, es kann lediglich auf eine
Formulierung der Aufgabe hingewiesen werden. Für den praktischen
Einsatz wird man selbstverständlich, um auch die Anforderungen
wesentlich höher stellen zu können, ungleich lange Fünfeckseiten
bevorzugen.


## Das Dreiräder-Fünfeck

Das Dreiräder-Fünfeck nach Bild 4.2 soll dasselbe gleichseitige
Fünfeck (Seitenlängen 50 mm) haben wie das Zweiräder-Fünfeck.

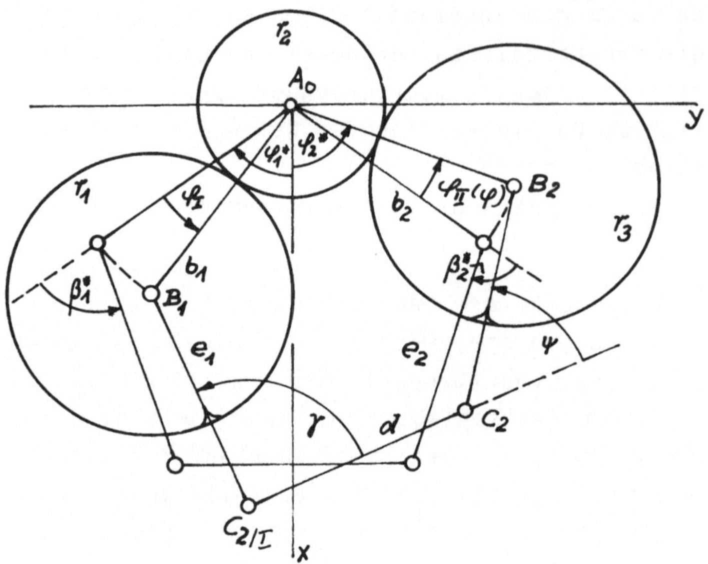

**Bild 4.6**  Zeichnerische Grundlagen zur Berechnung von Winkel-
zuordnungen im Dreiräder-Gelenkfünfeck

Die Radhalbmesser sind $r_1 = r_3 = 30$ mm, $r_2 = 20$ mm, Rad $r_1$ ist,
Bild 4.6, mit $e_1$, Rad $r_3$ mit $e_2$ fest verbunden, und Rad $r_2$ gilt
lediglich als Zwischenrad. Das Fünfeck soll von der Symmetrielage in eine zweite Lage so bewegt werden, daß zwischen $e_1$ und
d ein Winkel $\gamma = 90°$ erscheint, und es ist der zugeordnete Winkel $\psi$ zwischen $e_2$ und d zu berechnen.

Diese Aufgabe kann mit Hilfe der kinematischen Umkehrung und
der zweimaligen Benutzung des Unterprogramms, Label 01, für die
Zykloidenbahnen gelöst werden. Wegen des höheren Aufwandes gegenüber dem Zweiräder-Getriebe, aber auch wegen der größeren
quantitativen Möglichkeiten muß man hier zwei Interations-
schritte vorsehen. Nach Bild 4.6 betrachtet man Rad $r_2$ als feststehendes Glied, nämlich als Sonnenrad für zwei Umlauträderge-
triebe mit den Planetenrädern $r_1$ und $r_3$. Mit dem Drehpunkt $A_0$
des Rades $r_2$ als Ursprung legt man ein x-y-Koordinatensystem,
am einfachsten mit der x-Achse als Symmetrielinie des Ausgangs-
Fünfecks, in Symmetrielage. Damit liegen auch die Anfangswinkel
$\varphi_1^* = -54°$; $\beta_1^* = 72°$; $\varphi_2^* = 54°$; $\beta_2^* = -72°$ fest.

Tabelle 4.4   Eingabe- und Ergebniswerte für
              Dreiräder-Gelenkfünfeck

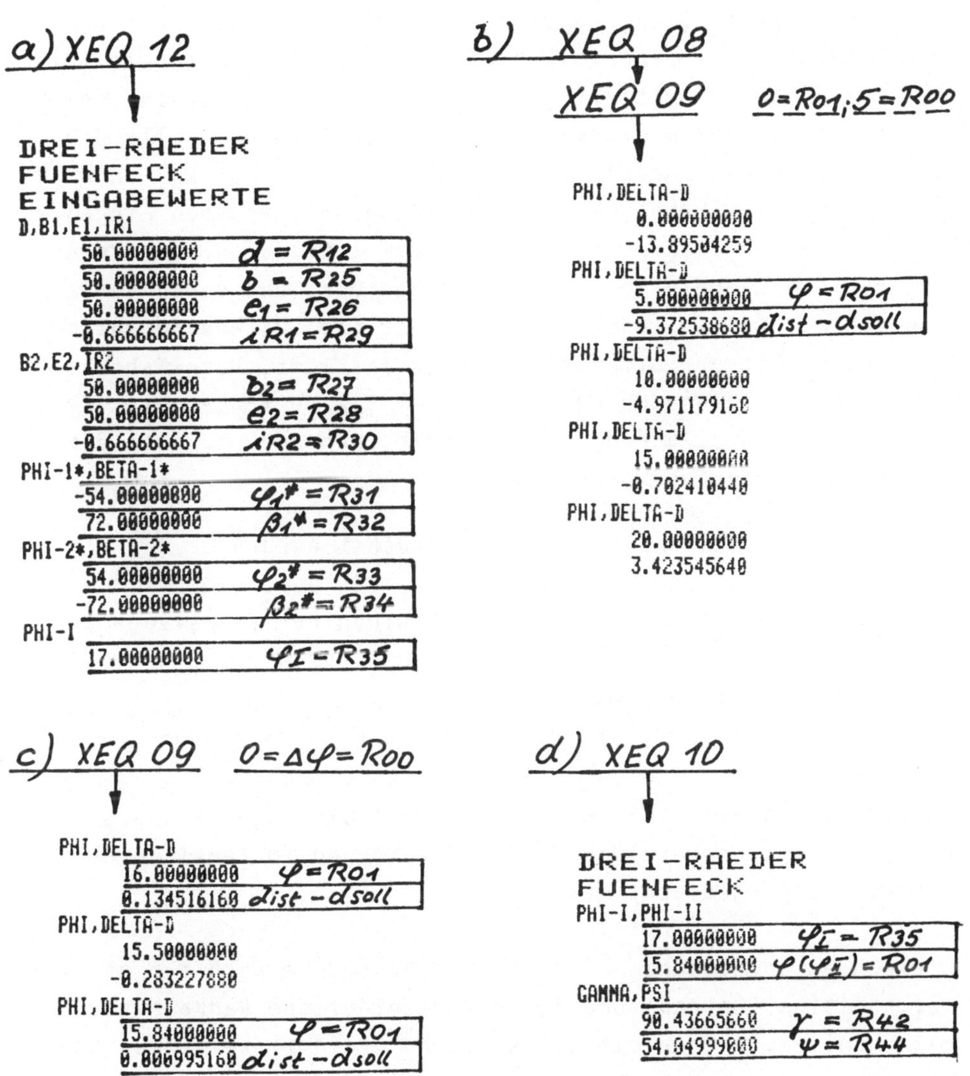


Dem folgenden Verfahren liegt die zweimalige Verwendung des Zykloidenprogramms, Label 01, zugrunde. Zunächst kann mit XEQ 12, Tabelle 4.4, der Ausdruck für die einzugebenden Werte erfolgen. Man verdreht, Bild 4.6, den Hebel $b_1$ um einen zunächst beliebig angenommenen Winkel $\varphi_I$ und bestimmt im Umlaufrädergetriebe mit Sonnenrad $r_2$ und Planetenrad $r_1$ die Koordinaten des Gelenkpunktes $C_{2/I}$. Im Label 08, Tabelle 4.5, werden zu diesem Zwecke die Werte $b_1$, $e_1$, $i_{R1}$ (hier = $r_2/r_1$ = -0,6666666),$\varphi_1^*$, $\beta_1^*$ in die zugehörigen Eingangswerte für Label 01 umgewandelt. Die Koordinaten werden mit $x_{C2/I}$ = $R_{37}$ und $y_{C2/I}$ = $R_{38}$ gespeichert. Dann macht man, um mit dem Laufprogramm, XEQ 09, Tabelle 4.4, in der Ausgangs-Symmetrielage zu beginnen, 0 = $\varphi$ = $R_{01}$ und z.B. 5 = $\Delta\varphi$ = $R_{00}$. Im Label 09 wird nach Eingabe der neuen Eingangs- werte für Label 01 dieses Unterprogramm aufgerufen, die Berech- nung für die Koordinaten von $C_2$ durchgeführt und durch Varia- tion von $\varphi_{II}$ ($\varphi$) so lange iteriert, bis die Entfernung zwischen $C_{2/I}$ und $C_2$ mit der Gliedlänge d übereinstimmt. Nach Tabelle 4.4b geschieht diese Rechnung mit $\Delta\varphi$ = $R_{00}$ so lange, bis die Differenz aus $d_{ist}$ und $d_{soll}$ das vorzeichen ändert, also der Nullwert durchlaufen worden ist.

Wie schon erwähnt, empfiehlt sich zunächst auch hier das manu- elle Ausloten des günstigsten $\varphi$-Wertes für $d_{ist}$ - $d_{soll}$ = 0, indem $\Delta\varphi$ = $R_{00}$ = 0 gesetzt wird, was einen nur einmaligen Durch- gang im Label 09 ermöglicht, und $\varphi$ = $R_{01}$ durch Prüfung des Aus- druckes schrittweise genauer eingestellt wird. Nach Tabelle 4.4c gilt dies für $\varphi$ = 15,84 bei $d_{ist}$ - $d_{soll}$ = 0,00095.

Nun liegt nach Bild 4.6 für $\varphi_I$ (= 17,00) die Lage des neuen Fünfecks fest, und die Winkel $\gamma$ und $\psi$ können im Label 10 be- rechnet und ausgedruckt werden.

Da die hier angegebenen Programme insbesondere auch für un- gleichseitige Fünfecke und für unterschiedliche Radhalbmesser gelten sollen, und da die Winkel $\gamma$ und $\psi$ als Winkelsummen bzw. Winkeldifferenzen berechnet werden, sind für $\gamma$ und $\psi$ Winkelwerte über 360° und mit negativem Vorzeichen möglich. Es ist deshalb noch Label 13 als Unterprogramm für diese Winkel vorgesehen, das jeden beliebigen Winkel mit positivem Vorzeichen in die vier Quadranten des Koordinatensystems einordnet.

In der Aufgabenstellung war ein Winkel $\gamma$ = 90° vorgeschrieben, und es sollte diesem zugeordnet der "Abtriebswinkel" $\psi$ berechnet

werden. Nach Tabelle 4.4 ergab sich aber $\gamma \neq 90°$, und deshalb
muß die gesamte Rechnung mit wechselndem $\varphi_I = R_{35}$ so lange wiederholt werden, bis $\gamma = 90°$ ist. Zunächst wurde für $\varphi_I = 19°$ die
Rechnung wiederholt. die Ergebniswerte dieser Zwischenrechnung
sind in Tabelle 4.6 mit denen für $\varphi_I = 17°$ zusammengestellt. In
diesem Stadium empfiehlt sich die Anwendung der Regula falsi:

$$\varphi_{I/0} = \frac{\varphi_{I19}\,(\gamma_{17} - \gamma_{soll}) - \varphi_{17}\,(\gamma_{19} - \gamma_{soll})}{\gamma_{17} - \gamma_{19}}$$

$$\varphi_{I/0} = \frac{19(90,4367 - 90) - 17(88,4598 - 90)}{90,4367 - 88,4598} = 17,44$$

Mit der neuen Rechnung $\varphi_I = 17,44$ findet man $\varphi\,(\varphi_{II}) = 16,22$;
$\gamma = 90,000775$; $\psi = 53,5942$ und damit die gut angenäherte Lösung
der gestellten Aufgabe. Falls die Genauigkeit nicht ausreicht,
kann man mit dem neuen $\varphi$-Wert und z.B. mit $\varphi_I = 17$ aus Tabelle
4.6 ein zweites Mal die Regula falsi anwenden.


Die Mehrräder-Fünfecke


Im Bild 4.3 ist ein Gelenkfünfeck mit einer überlagerten Räderkette aus vier Zahnrädern dargestellt, das erste und letzte Rad
der Räderkette ist mit je einem Glied des Fünfecks fest verbunden. Dieses Getriebe soll zunächst nur für ein Problem mit einem
noch höheren Schwierigkeitsgrad als die beiden bisher behandel-
ten Getriebe vorgestellt werden.

Wenn beim Zweirädergetriebe nach Bild 4.1 nur eine einmalige
Iteration, beim Dreirädergetriebe nach Bild 4.2 eine zweimalige
Iteration erforderlich war, so kommt beim Vierrädergetriebe nach
Bild 4.3 eine weitere Iteration hinzu. Als höhere Stufe gibt es
nun noch das Fünfräder-Gelenkfünfeck, und es könnte sich als ein
besonders hochgradiges Problem anbieten!

Uber Räderkurbelgetriebe mit dem Gelenkfünfeck als Grundgetriebe
liegt ein umfangreiches Schrifttum vor. Leider sind aber nur in
vereinzelten Fällen Ansätze der numerischen Beispielrechnung zu
verzeichnen, und die angegebenen Algorithmen auf rein rechneri-
scher Grundlage können nur mit großer Mühe übernommen werden.

Tabelle 4.5  Rechenprogramme für Dreiräder-Gelenkfünfeck

| | | | |
|---|---|---|---|
| 175♦LBL 08 | 226 STO 01 | 278 - | 320 RCL 26 |
| 176 RCL 25 $\;b_1=b$ | 227 GTO 09 | 279 R-P | 321 PRX |
| 177 STO 05 | 228 STOP | 280 X<>Y | 322 RCL 29 |
| 178 RCL 26 $\;e_1=e$ | 229♦LBL 10 | 281 180 | 323 PRX |
| 179 STO 06 | 230 SF 12 | 282 - | 324 "B2,E2,IR2" |
| 180 RCL 29 $\;\dot{\imath}_{R1}=\dot{\imath}_R$ | 231 "DREI-RAEDER" | 283 STO 43 | 325 PRA |
| 181 STO 07 | 232 PRA | 284 RCL 33 | 326 RCL 27 |
| 182 RCL 31 $\;\varphi_1^*=\varphi^*$ | 233 "FUENFECK" | 285 RCL 01 | 327 PRX |
| 183 STO 02 | 234 PRA | 286 + | 328 RCL 28 |
| 184 RCL 32 $\;\beta_1^*=\beta^*$ | 235 CF 12 | 287 RCL 27 | 329 PRX |
| 185 STO 03 | 236 "PHI-I,PHI-II" | 288 P-R | 330 RCL 30 |
| 186 RCL 35 $\;\varphi_I=\varphi$ | 237 PRA | 289 X<>Y | 331 PRX |
| 187 STO 01 | 238 RCL 35 | 290 RCL 14 | 332 "PHI-1*,BETA-1*" |
| 188 XEQ 01 | 239 PRX | 291 - | 333 PRA |
| 189 RCL 13 $\;y_{C2/I}$ | 240 RCL 01 | 292 X<>Y | 334 RCL 31 |
| 190 STO 37 | 241 PRX | 293 RCL 13 | 335 PRX |
| 191 RCL 14 $\;x_{C2/I}$ | 242 "GAMMA,PSI" | 294 - | 336 RCL 32 |
| 192 STO 38 | 243 PRA | 295 R-P | 337 PRX |
| 193 STOP | 244 RCL 14 | 296 X<>Y | 338 "PHI-2*,BETA-2*" |
| | 245 RCL 38 | 297 RCL 43 | 339 PRA |
| 194♦LBL 09 | 246 - | 298 - | 340 RCL 33 |
| 195 RCL 27 $\;b_2=b$ | 247 RCL 13 | 299 XEQ 13 | 341 PRX |
| 196 STO 05 | 248 RCL 37 | 300 STO 44 $\;\psi$ | 342 RCL 34 |
| 197 RCL 28 $\;e_2=e$ | 249 - | 301 PRX | 343 PRX |
| 198 STO 06 | 250 R-P | 302 ADV | 344 "PHI-I" |
| 199 RCL 30 $\;\dot{\imath}_{R2}=\dot{\imath}_R$ | 251 X<>Y | 303 STOP | 345 PRA |
| 200 STO 07 | 252 STO 39 | | 346 RCL 35 |
| 201 RCL 33 $\;\varphi_2^*=\varphi^*$ | 253 RCL 31 | | 347 PRX |
| 202 STO 02 | 254 RCL 35 | 304♦LBL 12 | 348 ADV |
| 203 RCL 34 $\;\beta_2^*=\beta^*$ | 255 + | 305 SF 12 | 349 STOP |
| 204 STO 03 | 256 RCL 25 | 306 "DREI-RAEDER" | |
| 205 XEQ 01 | 257 P-R | 307 PRA | 350♦LBL 13 |
| 206 "PHI,DELTA-D" | 258 STO 40 | 308 "FUENFECK" | 351 STO 45 |
| 207 PRA | 259 X<>Y | 309 PRA | 352 ENTER↑ |
| 208 RCL 01 $\;\varphi$ | 260 STO 41 | 310 "EINGABEWERT" | 353 SIN |
| 209 PRX | 261 RCL 38 | 311 "⊦E" | 354 SIGN |
| 210 RCL 14 $\;y_{C2}$ | 262 - | 312 PRA | 355 RCL 45 |
| 211 RCL 38 $\;y_{C2/I}$ | 263 RCL 40 | 313 CF 12 | 356 COS |
| 212 - | 264 RCL 37 | 314 "D,B1,E1,IR1" | 357 ACOS |
| 213 RCL 13 $\;x_{C2}$ | 265 - | 315 PRA | 358 * |
| 214 RCL 37 $\;x_{C2/I}$ | 266 R-P | 316 RCL 12 | 359 STO 46 |
| 215 - | 267 X<>Y | 317 PRX | 360 ENTER↑ |
| 216 R-P | 268 RCL 39 | 318 RCL 25 | 361 SIGN |
| 217 RCL 12 $\;\alpha_{ist}-$ | 269 - | 319 PRX | 362 ACOS |
| 218 - $\quad\alpha_{soll}$ | 270 XEQ 13 | | 363 2 |
| 219 PRX | 271 STO 42 $\;\gamma$ | | 364 * |
| 220 RCL 00 | 272 PRX | | 365 + |
| 221 X=0? | 273 RCL 38 | | 366 RTN |
| 222 STOP | 274 RCL 14 | | |
| 223 RCL 01 | 275 - | | |
| 224 RCL 00 | 276 RCL 37 | | |
| 225 + | 277 RCL 13 | | |

<u>Tabelle 4.6</u>  Zwischen-Ergebniswerte des Dreiräder-Gelenkfünfecks

| $\varphi_I$ | $\varphi\,(\varphi_{II})$ | $\gamma^{\vee}$ | $\psi$ |
|---|---|---|---|
| 17 | 15,84 | 90,4367 | 54,0500 |
| 19 | 17,56 | 88,4598 | 51,9798 |

Die hier angegebenen Verfahren fußen auf der "Zeichnungsfolge-Rechenmethode" mit dem rechnerischen Nachvollzug der Zeichnung. Eine Nachprüfung ist hiermit mit wesentlich einfacheren Mitteln möglich.

Für den wirkungsvollen Einsatz in Getriebekonstruktionen kann die hier vorgestellte Winkelberechnung zwar als ein wichtiges Problem, tatsächlich aber nur als Teilproblem angesehen werden. Zur Vorbereitung gehört vor allem das Festlegen der "Hauptbewegungen", das sind Untersuchungen für die erreichbaren Relativbewegungen in einer solchen Getriebekette mit dem Ziel, z.B. ein bestimmtes Glied als gleichförmig umlaufendes Antriebsglied, ein weiteres als schwingendes oder ungleichförmig umlaufendes Abtriebsglied verwenden zu können. Wichtige Zusatzprobleme stellen sich dabei durch die Berechnung der Geschwindigkeiten, Beschleunigungen und Kräfte dar.

Eine besondere Rolle kann der Einsatz solcher Getriebe für die Verwendung von Bahnkurven als Führungskurven spielen. Dabei erfordern die einfachen Zykloiden und die aus ihnen entstehenden höheren Bahnkurven eingehende Betrachtungen.


## Literatur

Hain, K.:  Gelenkgetriebe für die Handhabungs- und Robotertechnik. Vieweg Programmbibliothek Mikrocomputer Band 17 (hrsg. von H. Schumny). Braunschweig: Vieweg 1984

Hain, K. u. Schumny, H.:  Gelenkgetriebe-Konstruktion mit HP Serie 40 und 80. Braunschweig: Vieweg 1984

# 5 Fünf ungelöste Aufgaben

Fünf Knobeleien aus verschiedenen Bereichen werden nachfolgend vorgestellt. Lösungen haben wir absichtlich <u>nicht</u> dazugegeben. Natürlich sind die Autoren der Aufgaben bzw. der Herausgeber dieses Buches bereit, bei Problemen zu helfen bzw. Knobelergebnisse zu überprüfen.

"Nun knobelt mal schön".

## 5.1 Druckerausfall

*von Dr.-Ing. Peter Fischer*

Die Abbildung zeigt ein Stück von einer Seite aus einem Geschäftsbuch. Bei der 3. Position wurden versehentlich mehrere Ziffern nicht ausgedruckt.

Gesucht wird ein Programm, mit dem die verstümmelte 3. Zeile ergänzt werden kann.

Alle Zahlen stehen rechtsbündig in den vorgegebenen Spalten. Falls mehrere Lösungen existieren, sind alle Lösungen zu ermitteln.

| Pos. | Stückzahl | | | | | Stückpreis | | | | Gesamtpreis | | | | | | | |
|---|---|---|---|---|---|---|---|---|---|---|---|---|---|---|---|---|---|
| | | | | | | Mark | | Pfg. | | Mark | | | | | | Pfg. | |
| 1 | 2 | 1 | 0 | 3 | 0 | | 1 | 2 | 2 | | 2 | 5 | 6 | 5 | 6 | 6 | 0 |
| 2 | | 1 | 3 | 2 | 2 | 9 | 8 | 3 | 1 | 1 | 2 | 9 | 9 | 6 | 5 | 8 | 2 |
| 3 | | | 3 | 1 | | 3 | | 1 | 3 | | | | 4 | 0 | | | 4 |
| 4 | 1 | 1 | 2 | 3 | 4 | 3 | 2 | 0 | 0 | 3 | 5 | 9 | 4 | 8 | 8 | 0 | 0 |
| 5 | | | 1 | 6 | 7 | | 4 | 1 | 7 | | | | 6 | 9 | 6 | 3 | 9 |

## 5.2  Anpassung

Ein ohmsch-induktiver elektrischer Verbraucher zeigt bei einer
Nennspannung von 115 Volt/50 Hertz eine Wirkleistungsaufnahme
von 25,4 Watt. Der Leistungsfaktor (COS$\varphi$) beträgt 0,56. Durch
einen Vorschaltkondensator soll der Verbraucher an eine Ver-
sorgungsspannung von 220 Volt/50 Hertz angepaßt werden.

Gefragt sind:

Kapazität und Betriebsspannung des Kondensators ?
Bei der Festlegung der Kondensatorspannung ist zu berücksichtigen, daß die 220-V-Versorgungsspannung um $\pm$ 10 % schwanken
kann.

Induktivität und Wirkwiderstand des Verbrauchers ?

Leistungsfaktor und Phasenverschiebung bei 220 V/50 Hz ?
Die programmtechnische Lösung soll allgemeingültig sein.

Aus praktischen Gründen sollen die Ergebnisse auf 3 Nachkommastellen nach DIN 1333 gerundet ausgewiesen werden.

## 5.3  Tetraeder

### von Dr. Arved Fuhrmann

Im 3-dimensionalem Raum sind die Eckpunkte eines Tetraeders
durch die kartesischen Koordinaten

    Ax, Ay, Az,    Bx, By, Bz,    Cx, Cy, Cz,    Dx, Dy, Dz

in mm gegeben.

Nach Eingabe dieser Koordinaten sollen berechnet und nach
DIN 1333 auf drei Dezimalstellen nach dem Komma gerundet ausgegeben werden:

- Volumen  V  in mm^3,

- Oberfläche  O  in mm^2,

- Summe aller Kantenlängen  SK  in mm,

- Mittelpunkts-Koordinaten  Ux, Uy, Uz  und Radius Ru
  der Umkugel, alle in mm,

- Mittelpunkts-Koordinaten  Ix, Iy, Iz  und Radius Ri
  der Inkugel, alle in mm,

- Summe der Raumwinkel  SRW *)  aller Ecken in Radian
                                          (Bogenmaß).

*) Definition

Der Raumwinkel aus drei im allgemeinen nicht in einer Ebene
liegenden von einem Zentrum Z ausgehenden Halb-Geraden ist
die Fläche des sphärischen Dreiecks auf der Einheitskugel um Z,
das aus den Schnittpunkten der Halb-Geraden mit der Einheitskugel gebildet wird.

Beispiele

| | | | |
|---|---|---|---|
| Ax = 10, | Bx = -5, | Cx = -5, | Dx = 0 |
| Ay = 0, | By = $5 \cdot \sqrt{3}$, | Cy = $-5 \cdot \sqrt{3}$, | Dy = 0 |
| Az = 0, | Bz = 0, | Cz = 0, | Dz = $10 \cdot \sqrt{2}$ |
| Ax = 0, | Bx = 10, | Cx = 0, | Dx = 0 |
| Ay = 0, | By = 0, | Cy = 10, | Dy = 0 |
| Az = 0, | Bz = 0, | Cz = 0, | Dz = 10 |

## 5.4  Gekreuzte Leitern

*von Norbert Waldmüller*

Zwei rechtwinklige Dreiecke mit der gemeinsamen Kathete AB
(Grundlinie) liegen so übereinander, daß sich die zwei Hypotenusen AD und BC im Punkt E schneiden.

Wenn die Längen der Hypotenusen sowie der Normalabstand des
Punktes E von der Grundlinie bekannt sind, wie lang ist dann
die gemeinsame Kathete AB ?

Diese Aufgabe ist eine Abwandlung des Problems "Die gekreuzten
Leitern", die in einer Gasse lehnen, von denen man ihre Länge
und die Höhe des Kreuzungspunktes über dem Boden kennt, und
wo nach der Breite der Gasse gefragt ist.

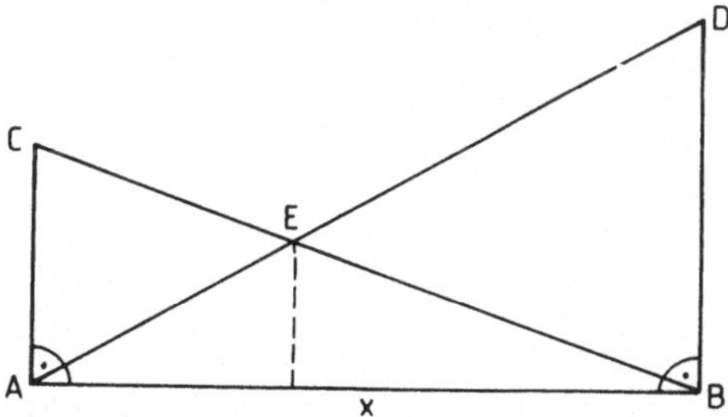


Die Aufgabe findet sich in L.A. Graham's "Ingenious Mathematical
Problems and Methods (Dover Publications, 1959)" sowie in der
deutschen Übersetzung "Mathematik aus dem Hinterhalt (Vieweg &
Sohn, 1981)". Es gibt von dieser Aufgabe die verschiedensten
Lösungsmethoden. Interessant wäre, wie man heute mit dem Compu-
ter so eine Aufgabe löst.

## 5.5  Zahlenfolge

Die Summe der dritten Potenzen von N aufeinander folgenden geraden natürlichen Zahlen sei S. Für z.B. N = 5 Elemente würde folgender Ansatz gelten, wobei X stets eine ganze, positive und geradzahlige Zahl sein soll:

$$X^3 + (X + 2)^3 + (X + 4)^3 + (X + 6)^3 + (X + 8)^3 = S$$

Beispiel:

N = 5; $2^3 + 4^3 + 6^3 + 8^3 + 10^3$ = 1 800 entsprechen der Zahlenfolge 2, 4, 6, 8 und 10. Wie lauten die Zahlenfolgen und welche Rechen- und Ausgabezeiten ergeben sich für:

| | | | | |
|---|---|---|---|---|
| a) | S = 985756680 | e) | S = 789960600 |
| b) | S = 994138272 | f) | S = 453242008 |
| c) | S = 837787392 | g) | S = 847134008 |
| d) | S = 115179400 | h) | S = 877061088 |

Denkbar sind sowohl geschlossene als auch iterative Lösungen, z.B. nach Fontana, Newton usw.

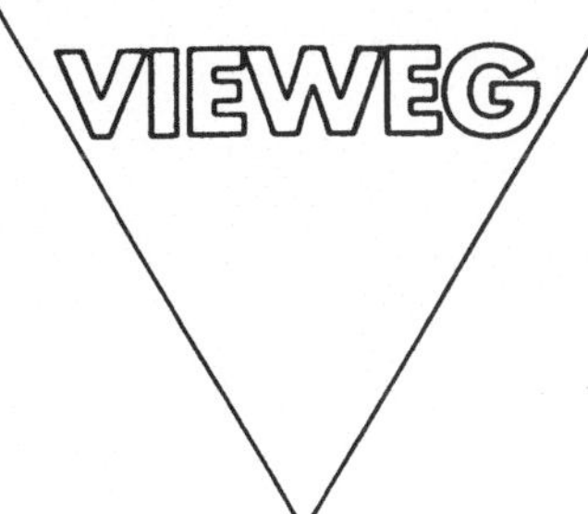


Johann Weilharter

## Spaß mit Algorithmen

Einführung in das strukturierte Programmieren mit
42 BASIC-Programmen.

Hrsg. von Harald Schumny. 1984. XIV, 202 S. 16,2 x
22,9 cm. Kart.

Inhalt: Zahlentheorie – Aussagenlogik – Rekursions-
und Iterationsverfahren – Spiele – Netzplantechnik.

Es ist die Absicht des Buches, den Leser in unterhalt-
samer Weise zum praktischen Problemlösen mit
Hilfe von Mikrocomputern zu führen. Besonders soll die Fähigkeit zum algo-
rithmischen Denken vermittelt werden.

In jedem Beispiel wird von einer konkreten Problemstellung ausgegangen.
Diese Problemstellung wird einer Problemanalyse (unter Verwendung des
üblichen Formalismus der Mathematik) unterworfen, worauf eine konkrete
Programmieraufgabenstellung folgt.

Alle Programme (in BASIC geschrieben), sind mit Programmablaufplänen
versehen und ausführlich dokumentiert.

Da dieses Buch in der Unterrichtspraxis des Autors entstanden ist, wendet es
sich insbesondere an Schüler, aber auch an Lehrer der Unterrichtsgegen-
stände Mathematik und angewandte Mathematik sowie der Informatik bzw.
der Datenverarbeitung und an Studenten.

Harald Schumny (Hrsg.)

## PC Praxis

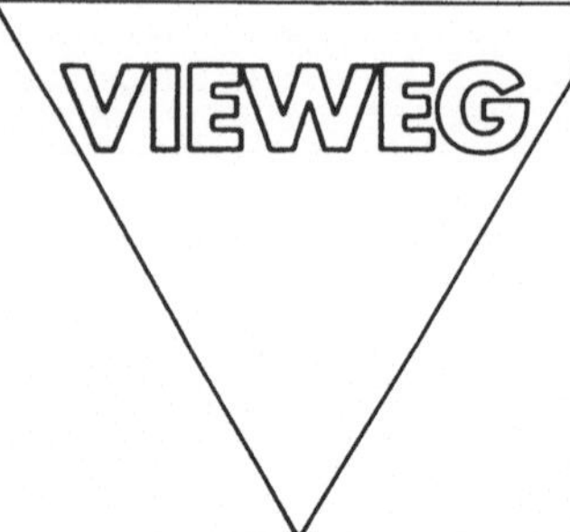

Technik und Wissenschaft, Betriebliche Praxis, Benutzer-
schnittstellen, Betriebssysteme, LAN
1986. VI, 303 S. mit 137 Abbildungen, 26 Tabellen und zahl-
reichen Programmen. 18,5 x 24 cm. Kart. DM 48,—
In diesem Buch werden Grundlagen und Erfahrungen von
allgemeinem Interesse, Anwendungen aus den Bereichen
Technik und Wissenschaft der betriebswirtschaftlichen
Praxis sowie einige für alle Anwendungsfelder wesentlichen Fragen zur Benutzung und Programmierung zusammengefaßt und das überaus zukunftsträchtige Thema
Lokale Netze (LAN) diskutiert.
Das Buch gliedert sich in vier Hauptteile:
Im ersten Bereich Technik und Wissenschaft hat der Herausgeber Aufsätze über
„Personal Instrumentation", CAD, Regelkreis-Optimierung und Numerische Mathematik ausgewählt. Aber auch die Diskussion um Künstliche Intelligenz und Exper-
tensysteme wurde aufgrund der hohen Aktualität aufgenommen.
Die betriebswirtschaftliche Praxis (Teil 2) ist zweifellos für den PC-Verkäufer das inter-
essanteste Wirkungsfeld. Für diesen Bereich wurde ein aktueller Anwendungsquer-
schnitt ausgearbeitet und die neuesten Software-Themen zusammengefaßt. Vor
allem für die Büroautomatisierung ist die Weiterentwicklung von Standard-Software
von großer Bedeutung: Dedizierte und Integrierte Software sind kritisch in diesem
Abschnitt einander gegenübergestellt (WordStar, dBase II und III, Framework, Sym-
phony).
Benutzerschnittstelle heißt die physikalische und logische Ebene der Berührung
zwischen Mensch und Maschine. In diesem Teil des Buches werden folgende Kon-
zepte bzw. Ausführungen behandelt: Menütechnik, Icons, Bildschirme, handschrift-
liche Direkteingabe.
Im Abschnitt über Programmierung von PCs stehen programmiertechnische
Aspekte im Vordergrund. Es geht dabei um Pascal, Modula-2, UNIX und die System-
programmierung mit C.
Die rapide zunehmende Bedeutung der Lokalen Netze wird mit drei Aufsätzen, in
denen Grundlagen, PC-Verbund, und die Zusammenarbeit von Großrechnern mit
PCs die Themen sind, berücksichtigt.
Der vierte Teil des Buches enthält als Anhang Produktionsübersichten, die in Tabel-
lenform Mikrocomputer und Drucker mit ihren wichtigsten Daten gut vergleichbar
darstellen.